Hans-Joachim Berndt

Messen und Steuern mit dem Smartphone

BASIC in der Hosentasche
und mehr

Bluetooth, USB, RS232, Arduino

mit Android Tablet/Phon

Vorwort

Smartphones und Tablets verfügen über verschiedene Schnittstellen, die zum Messen und Steuern herangezogen werden können. Die Messdatenerfassung und Steuerung externer Geräte wird durch die Benutzung von Bluetooth oder dem USB-Anschluss möglich.

Dieses Buch ist quasi eine Fortsetzung von „Messen mit dem Smartphone" – das im Mai 2013 erschiene eBook - und möchte dem erweiterten Titel gerecht werden, indem hier Wege aufgezeigt werden, mit dem Hosentaschentelefon oder Tablet Messungen und Steuerungen unter Android zu realisieren. Um mit der Außenwelt in Kontakt zu treten wird hier Hardware eingesetzt, die entweder oft noch vorhanden, und/oder sehr preiswert neu zu erwerben ist. Konkret handelt es sich dabei einerseits um z.B. Messgeräte und Interfaces mit RS232-Schnittstellen aus der Schublade und andererseits um den sehr verbreiteten Arduino in der unteren Preisklasse. Der Arduino dient meist nur als Vermittler und Hilfsgerät. Programmierkenntnisse sind dafür kaum erforderlich, da nur sehr geringe Änderungen (Kopieren/Einfügen) an vorhandenen Quelltexten notwendig sind.

An manchen Stellen wird das kostenfreie RFO-Basic! benutzt, um die gewünschten Ergebnisse zu erzielen. Diese Sprache und die eingebauten Sensoren des Smartphones/Tablets standen im ersten Teil „Messen mit dem Smartphone" im Vordergrund. Es ist jedoch durchaus möglich ohne den ersten Teil die hier aufgeführten Beispiele zu bearbeiten und für eigene Anwendungen zu ändern und zu erweitern. Mit kostenlosen Applikationen aus dem Play-Store können Steuerungen und Messungen durchgeführt werden, wodurch die Notwendigkeit eigener Programmierung ganz entfällt. Die Darstellung in Diagrammen erfordert dann meist noch etwas Handarbeit in Form von Kopieren, Ersetzen und Einfügen.

Auch über die Kommandozeile (Shell) lassen sich einige Dinge realisieren, die für eigene Aufgaben oder Anwendungen interessant sein können.

Dieses Buch möchte in erster Linie Möglichkeiten aufzuzeigen, eigene preiswerte Lösungen von mess- und steuertechnischen Problemen zu realisieren. Die hier vorgestellten Beispiele sollen als Anregungen verstanden werden.

Inhalt

EINLEITUNG

MESSEN UND STEUERN ÜBER SCHNITTSTELLEN

Dieses Buch beschäftigt sich schwerpunktmäßig mit der Möglichkeit externe Hardware zu benutzen und über das Smartphone oder Tablet anzusprechen. Ein Bluetooth-Adapter und ein Arduino-Mikrocontroller sollen es ermöglichen dieses Ziel zu erreichen. Bluetooth erlaubt den Einsatz einer „kabellosen seriellen Schnittstelle", aber auch der Mikro-USB-Anschluss am mobilen Android-Gerät ist inzwischen für Mess- und Steueraufgabe verfügbar.

In diesem Buch werden drei Verfahren benutzt:

1. Android - Bluetooth (RS232)
2. Android - USB-Host (RS232)
3. Android - Shell

Je nach Ansatz ergeben sich Vor- und Nachteile. Im ersten Fall sind keinerlei besondere Voraussetzungen erforderlich. Lediglich müssen beide Seiten Bluetooth beherrschen, was heute eher Standard ist. Der Nachteil ist die etwas hohe Latenz. Der Aufbau einer Bluetooth-Verbindung dauert meist bis zu 10 Sekunden. Der drahtlose Datentransfer kann leicht gestört werden.

Als Software werden sowohl Programme aus dem Play-Store benutzt, die völlig ohne Programmierung funktionieren, aber auch das RFO-Basic!, falls die Schnittstellen von dieser Sprache unterstützt werden. Bei Bluetooth ist das der Fall, die USB-Schnittstelle unterstützt dieses Basic leider zurzeit (noch) nicht.

Am Ende wird gezeigt, wie einige Systemmessdaten auch ohne direkte Unterstützung der Programmierumgebung über die Kommandozeile - eine Art Softwareschnittstelle (Shell) - erfasst werden können. Auch andere Anwendungen und Systemprogramme sind so über RFO-Basic! ansprechbar.

Abbildung 1: Bluetooth-Adapter von Bolutek

Fall 2 ist eine zuverlässige und inzwischen preiswerte Kabellösung. Der große Nachteil ist, dass das Android-Gerät einen USB-Host-Modus, auch als OTG (OnTheGo) bekannt, braucht. Das ist nicht bei jedem Gerät selbstverständlich.

Abbildung 2: FTDI-USB zu RS232-Adapter

Ein USB-RS232-Adapter mit FTDI-Chip wird inzwischen von Android erkannt und mit entsprechender Terminalsoftware aus dem Play-Store können alte und neue Geräte für Mess- und Steueraufgaben via Phone/Tablet eingesetzt werden. Auch ein Arduino lässt sich inzwischen ohne PC von Android aus programmieren. Dieser weit verbreitete Mikrocontroller eignet sich gut, um über Kabel oder auch drahtlos als Mess- und Steuergehilfe dem Phone/Tablet zu assistieren.

1 BLUETOOTH MIT RS232-ADAPTER

Falls eine gewisse Latenz keine große Rolle spielt, ist Bluetooth die erste Wahl. Die Geräte sind galvanisch völlig getrennt und der teuren Hardware in Form von Tablet/Phone droht keinerlei Gefahr. Als eine erste Steuerung soll über Bluetooth eine Leuchtdiode geschaltet werden.

1.1 SCHALTEN EINER LED

Ein Galaxy Note steuert über Bluetooth eine LED. Als Empfänger der Befehle wird ein Arduino Uno (RS232 - LED) gewählt und als Mittler ein Bolutek-Adapter (BT - RS232).

Abbildung 3: Smartphone steuert LED

Die Abbildung zeigt das fertige Ergebnis. Mit einem Touch auf den gelben Kreis auf dem Handy schaltet die Diode an bzw. aus.

ARDUINO ALS BEFEHLSEMPFÄNGER

Der bekannte Mikrocontroller hat genügend Digitalausgänge, die zum Schalten einer Leuchtdiode benötigt werden. Die Entwicklungsumgebung gibt es auf arduino.cc kostenlos. Auch auf dem Android-Tablet/Phone ist ebenfalls eine Kompilierung möglich (Abschnitt „AdruinoDroid"). Programmierkenntnisse in C sind nicht dringend notwendig, da der Quelltext nur mit Copy/Paste entsteht. Jeder „Sketch", wie die Programme dort heißen, hat immer zwei vorgegebene Routinen. Eine Setup für eventuelle Initialisierungen und eine Loop für die Programmschleife.

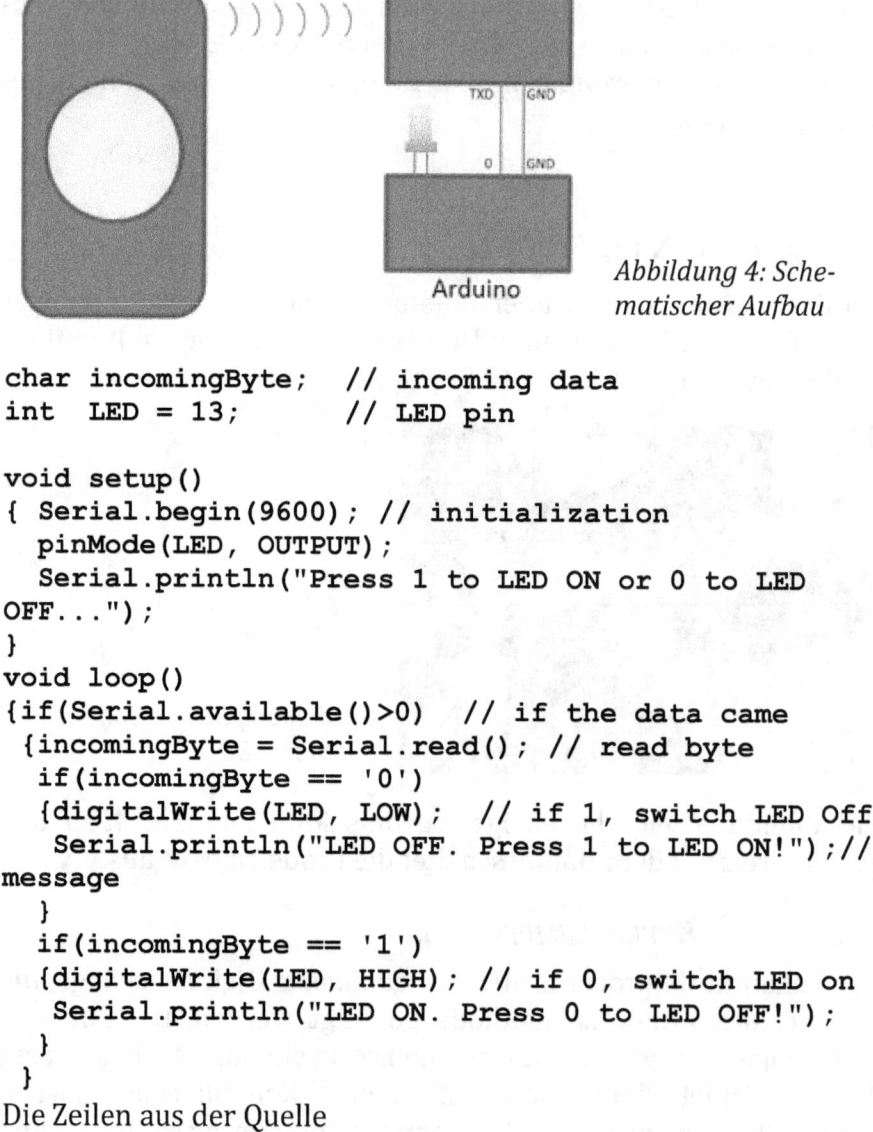

Abbildung 4: Schematischer Aufbau

```
char incomingByte;   // incoming data
int  LED = 13;       // LED pin

void setup()
{ Serial.begin(9600); // initialization
  pinMode(LED, OUTPUT);
  Serial.println("Press 1 to LED ON or 0 to LED
OFF...");
}
void loop()
{if(Serial.available()>0)  // if the data came
  {incomingByte = Serial.read(); // read byte
   if(incomingByte == '0')
   {digitalWrite(LED, LOW);  // if 1, switch LED Off
    Serial.println("LED OFF. Press 1 to LED ON!");//
message
   }
   if(incomingByte == '1')
   {digitalWrite(LED, HIGH); // if 0, switch LED on
    Serial.println("LED ON. Press 0 to LED OFF!");
   }
 }
```

Die Zeilen aus der Quelle

http://english.cxem.net/arduino/arduino5.php,

die man einfach mit Copy/Paste in die Arduino-IDE einfügen kann, sollen kurz erläutert werden:

Im Setup wird die serielle Schnittstelle mit 9600 Baud eingestellt, der Ausgang mit der Nummer 13 (LED) als Ausgang festgelegt und eine Meldung seriell ausgegeben.

In der Hauptschleife wird gefragt, ob ein serielles Zeichen verfügbar ist. Ist dies der Fall, so wird es gelesen (*incomingByte*) und auf dessen Gehalt geprüft. Bei einer „0" wird der Ausgang 13 auf 0 Volt geschaltet, bei einer „1" auf 5 Volt. Beide Aktionen werden zusätzlich mit einer seriellen Meldung dem Sender zurückgemeldet. Der Arduino läuft dann in einer Endlosschleife und reagiert auf die beiden Zeichen „0" und „1" an seinem seriellen Leseeingang RX, üblicherweise PIN 0 beim Arduino-Uno und schaltet entsprechend den Ausgang 13.

BLUETOOTH-ADAPTER „BOLUTEK"

Der sehr preiswerte Adapter „BC04-B Demo Version Bluetooth Wireless Serial Module" ist erstaunlich klein und auf der Platine findet man erstaunlich viel:

- Mini-USB-Buchse zur Spannungsversorgung
- Steckplatz für einen Li-Ion-Akku
- Schiebeschalter für Master/Slave-Betrieb und Off
- Reset-Taster
- Max 3221, SMD-Variante
- Sub-D Stecker 9polig
- HC-04 Bluetooth-Platine mit Leiterbahnantenne
- 4 Lötanschlüsse mit VDD, RxD, TxD und GND

Wird die Platine via Mini-USB in Betrieb genommen, so leuchtet eine orange-rote Power-LED, auch bei Schalterstellung Off. Bei Schiebeschalter in Stellung "Slave" blinkt eine blaue LED langsam. Ein angeschlossener RS232-Quick-Tester am Sub-D-Anschluss bleibt jedoch auf allen Leitungen dunkel. Vielleicht hätte man da etwas anderes erwartet. Im Netz findet man gerade sehr wenige Informationen zu dem Adapter - ein Datenblatt war nicht dabei.

Mit dem Smartphone findet man aber im Bluetooth-Bereich ein neues Gerät mit Namen "BOLUTEK". Nach Eingabe der "1234" als PIN leuchtet die blaue LED konstant. Die Geräte haben sich gefunden. Die Bluetooth-Verbindung steht. Auch mit einem PC konnte die Verbindung unter Win7 aufgebaut werden.

TEST MIT „HALLO"

Nun soll zunächst ein kleines Testprogramm die Kommunikationsfreudigkeit der Platine testen. Ziel ist es einige Bytes vom Smartphone über Bluetooth zum Adapter zu senden, um an den vorhandenen Lötanschlüssen RxD, TxD und GND entsprechende Spannungsbewegungen zu erfassen. Im ersten Teil „Messen mit dem Smartphone" ist beschrieben, wie mit einer Bluetooth-Verbindung auf serielle Geräte zugegriffen werden kann. Hier eine Alternative „BTOPEN.BAS", die mit dem *Include*-Befehl in eigene Listings eingebunden werden kann:

```
REM Start of BASIC! Program
bt.open
bt.connect
do
 pause 1000
 bt.status x
 if x= 1 then print "listening ..."
 if x= 2 then print "connecting ..."
 if x= 3 then print "conected to ";
 t++
 if t>20 then
 print "timeout."
 end
 endif
until x=3
BT.DEVICE.NAME dev$
print dev$
```

Diese Öffnungssequenz wird bei jedem Bluetooth-Basic-Programm benötigt und dann wie folgt eingebunden (liegt im „Souce-Verzeichnis).

```
REM Start of BASIC! Program
INCLUDE btopen.bas
.
.
REM irgendwas mit BT.-Befehlen
.
.
i=0
END
```

Konkret für das Senden von „Hallo":

```
REM Start of BASIC! Program
INCLUDE btopen.bas
T=1
DO
     BT.WRITE HALLO"
     PRINT T, "HALLO"
     PAUSE 100
     BT.STATUS S
     T++
UNTIL S<>3
BT.CLOSE
END
```

Die entsprechenden Programmzeilen oben zeigen wie das Wort "HALLO" mit BT.WRITE via Bluetooth vom Handy zum Adapter gelangen soll. Eine Variable T wird hochgezählt, damit man auf dem Konsolenbildschirm erkennt, dass noch gesendet wird. Bricht die Verbindung ab, so wird irgendwann die Schleife verlassen und Bluetooth geschlossen. Die Pause von 100 ms dient hier nur dazu ein schöneres Bild auf dem DSO-Quad zu bekommen.

Das "Hosentaschenoszilloskop" DSO-Quad misst an den vier Lötanschlüssen die Spannungen. Dabei zeigt sich ein Pegel von etwa 3
Volt, auch bei VDD. Eine der Datenleitungen zeigt dann aber in der
Tat das erwartete Ergebnis. Auf dem DSO-Quad erscheinen die Bits
im Gänsemarsch auf der Leitung, so wie das bei RS232-Daten und
der Voreistellung 9600 Baud sein sollte.

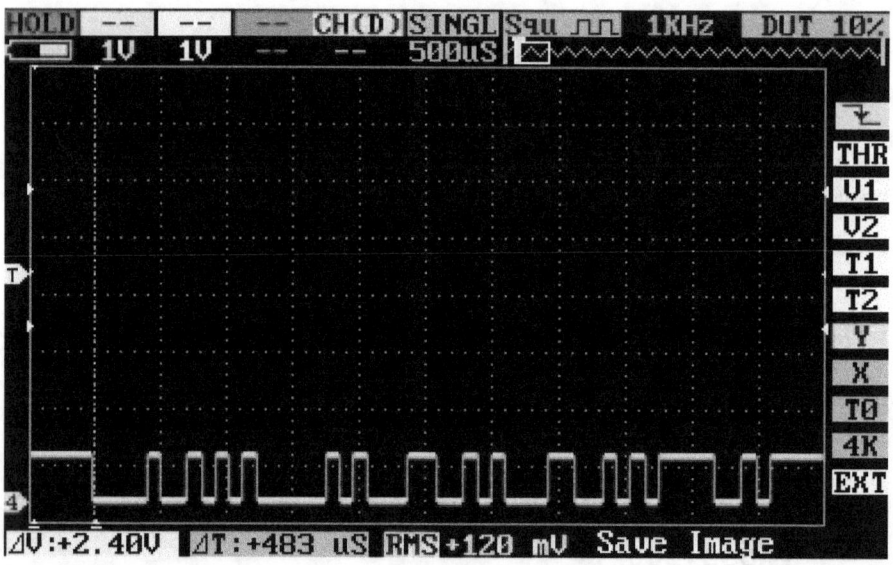

Abbildung 5: Gemessene „Hallo"-Pegel

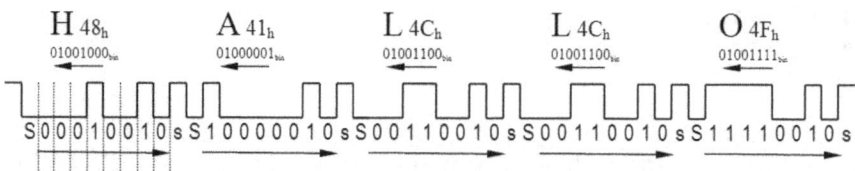

Abbildung 6: Theoretische TTL-Pegel

Somit funktioniert die Bluetooth-Abteilung einschließlich der
RS232-Umsetzung. Allerdings sind die Pegel etwas weit weg von
+/- 12 Volt und auch TTL sieht anders aus.

BEFEHLE SENDEN

Nach erfolgreichem „Hallo"-Test wird nun der Adapter-Anschluss TxD mit Pin 0 (RX) des Arduino-Uno verbunden. Die gemeinsame Masse ist wohl selbstverständlich. Nun kann der Adapter über Bluetooth empfangene Bytes dem Arduino weiterreichen. Mittels RFO-Basic! soll die Touch-Steuerung erfolgen.

Das RFO-Programm arbeitet im Grafikmodus, da hier der Touch etwas besser funktioniert als im Konsolenfenster. Zunächst werden einige Dinge initialisiert und die Bildschirmgröße ermittelt. Vor Eintritt in die Hauptschleife wird ein gelber Kreis konstruiert, aber noch nicht angezeigt. Nun wird bei jeder Bildschirmberührung umgeschaltet. Damit der Bildschirm nicht "prellt" sind weitere Touch-Abfragen eingebaut, die in ein Unterprogramm ausgelagert sind.

```
REM Start of BASIC! Program
INCLUDE btopen.bas

GR.OPEN 255, 0,0,0
GR.ORIENTATION 1
GR.SCREEN w,h
r = 255
g = 200
b = 0
GR.COLOR 255,r,g,b,1
GR.CIRCLE rc, w/2, h/2, w/3

DO
  GR.SHOW rc
  GR.RENDER
  BT.WRITE "1"
  GOSUB touch
  GR.HIDE rc
  GR.RENDER
  BT.WRITE "0"
  GOSUB touch
UNTIL x<100
```

```
BT.CLOSE
END

touch:
DO
 GR.TOUCH touched,x,y
UNTIL touched
WHILE touched
 GR.TOUCH touched,x,y
REPEAT
RETURN
```

Wird das Basic-Programm gestartet, so zeigt Android wieder die gekoppelten Bluetooth-Geräte zur Auswahl. Der Adapter mit dem Namen "BOLUTEK" ist hier die Wahl. Nach einer Weile steht die Verbindung und am Adapter leuchtet die blaue LED konstant. Das Smartphone schaltet in den Grafikmodus und zeigt einen gelben Kreis. Mit BT.WRITE "1" bekommt der Arduino über die RS232-Leitung die "1" weiter gereicht, worauf hin das Arduino-Programm die Leuchtdiode an Pin 13 einschaltet.

Der dritte, orange Draht ist die Verbindung Arduino 3,3 V zu VDD-Adapter. Dadurch wird nur noch eine Spannungsquelle benötigt, die den Arduino versorgt. Dieser gibt seine 3,3 Volt an den Adapter weiter. Dann leuchtet nur noch die blaue Leuchtdiode, die Power-LED bleibt aus - sie signalisiert vermutlich nur Spannung am Mikro-USB-Anschluss.

DATEN EMPFANGEN

Ein vierter Draht gesellt sich schließlich noch hinzu, damit auch die Meldung "*Press 1 to LED ON or 0 to LED OFF...*" im Arduino-Sketch erscheinen kann. Dieser Draht ist nur ein 'halber' Draht - ein Halbleiter. Mit einer Universaldiode (1N4148) - wie schon beim Arduino-Radio auf hjberndt.de - wird das Problem aus der Welt geschafft. In Richtung Arduino geschaltet (Pin 1) klappt die Kommunikation in beiden Richtungen.

Die Überprüfung erfolgt diesmal in einem der vielen Bluetooth-Terminal-Programme, die es inzwischen in Play-Store gibt. Das "Bluetooth-Terminal" eignet sich gut für diesen schnellen Testlauf. Mit der Tastatur können Zeichen (Ascii) oder Hexadezimalwerte eingegeben und gesendet werden.

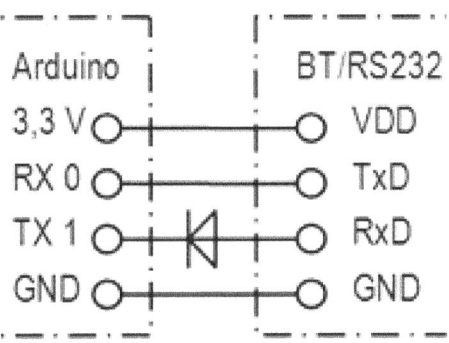

Abbildung 7: Verbindung Arduino - Bolutek

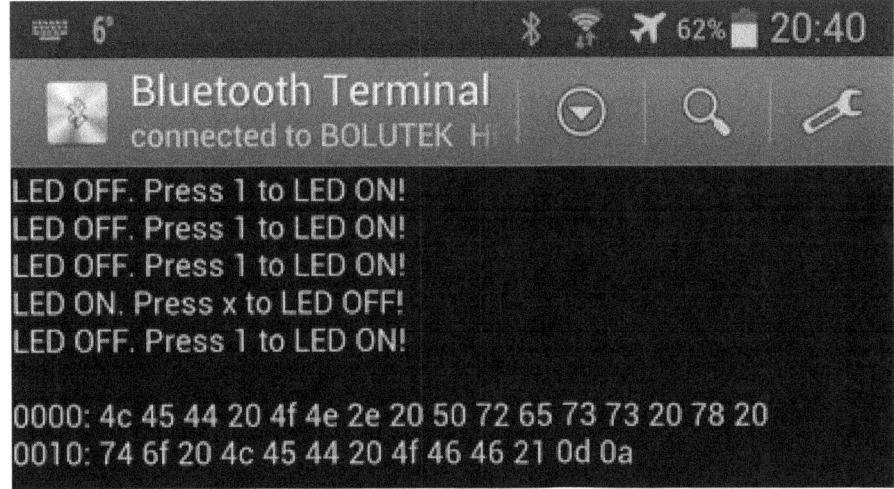

Abbildung 8: Steuern ohne Programmieren

Mit "1" schaltet die LED an, mit "0" wieder aus. Die entsprechende Meldung vom Arduino wird nun auch endlich angezeigt. Wird in den HEX-Modus umgeschaltet, können auch Bytes gesendet werden, die nicht im Ascii-Bereich liegen. Da dann eine "1" einer 31 entspricht, schaltet dieser Wert nun die LED an. Das Terminal stellt auch die Antwort hexadezimal dar. Die 30 entspricht dann der "0" und schaltet aus.

Aus derselben Feder, wie das "Bluetooth-Terminal" stammt die Applikation "Bluetooth-Serial". Diese App beinhaltet ebenfalls die Terminalfunktion, kann aber zusätzlich sehr einfach und ohne Programmierkenntnisse bis zu 25 Schalter frei verwalten. Einstellbar sind z.B.:

- Größe
- Sichtbarkeit
- Text
- Sendekommando

Für einfache Steuerungen könnte das reichen. Zumindest bekam das Arduino-Radio einige Sendertasten.

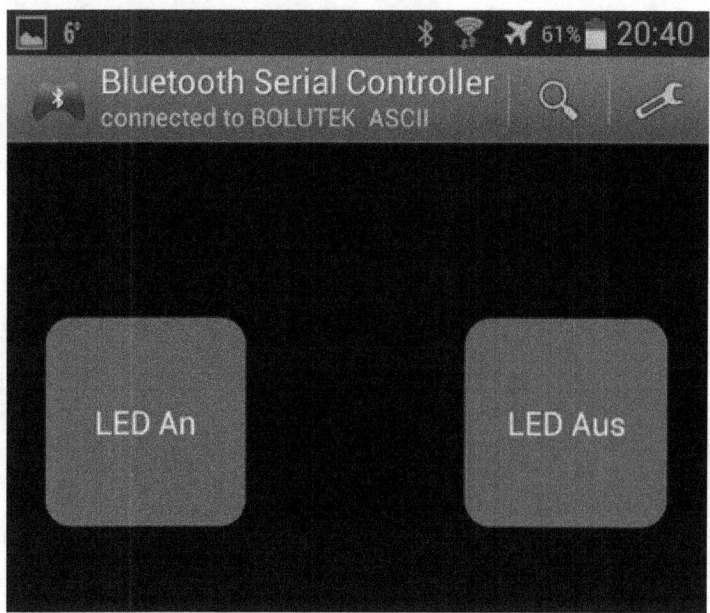

Abbildung 9: Eigene Schaltflächen ohne Programmierung

1.2 FREQUENZZÄHLER

Ein Arduino dient als Messwertgeber und das Smartphone empfängt die Daten über Bluetooth und zeigt sie im Grafikmodus an.
Die Realisierung erfolgt nach folgenden Schritten:

- Erstellung einer kleinen Messsoftware für den Arduino
- Anpassung des RFO-Basic!-Programms
- Verbinden der Komponenten
- Testlauf

ARDUINO LIEFERT FREQUENZ

Der sehr weit verbreitete Mikrocontroller wird als Frequenzzähler
programmiert. Die Funktionsbibliothek liefert die komfortable
Funktion *pulseIn()* mit der der Sketch besonders einfach zu realisieren ist. Die Beschreibung sagt, dass mit dem Aufruf *pulseIn*
(pin, HIGH) gewartet wird, bis das Signal an dem Eingangs-Pin
(pin) auf Logikpegel HIGH geht. Dann wird ein Timer gestartet und
gewartet bis der Pegel LOW erreicht wird. Die verstrichene Zeit
wird in Mikrosekunden zurück geliefert. Etwas anders ausge-
drückt: *puseIn*(pin, HIGH) liefert die Impulsdauer t_i.

Die Impulspause t_p kann mit *pulsIN*(pin, LOW) ermittelt werden.
Die Periodendauer T ergibt sich aus $T = t_i + t_p$. Bei einem symmetri-
schen Rechtecksignal ist $t_i = t_p$, also die Zeit für HIGH-Pegel gleich
der Zeit für LOW-Pegel. Die Funktion kehrt bei einem Timeout mit
dem Wert 0 zurück, womit auch bei fehlendem Signal das Programm fortgesetzt werden kann. Der Kehrwert der Periodendauer
T entspricht der Frequenz f. Aus Mikrosekunden (1E-6) werden
Megahertz (1E6). Um eine Anzeige in Hertz zu erreichen wird mit
1E6 multipliziert. Hier der Sketch:

```
/* Frequenzzähler
Gibt die Frequenz des Spannungsignals an Pin 7
aus
*/
int pin = 7;
```

```
unsigned long T;   //Periodendauer in us
double f;          //Frequenz in MHz
char fm[] = " %8ld Hertz";

void setup()
{ Serial.begin(9600);
  pinMode(pin, INPUT);
}

void loop()
{ char s[20]; // Messen von ti + tp = T
  T = pulseIn(pin, HIGH) + pulseIn(pin, LOW);
  T == 0 ? f = 0 : f=1/(double)T;
  sprintf(s,fm,(unsigned long)(f*1e6));
  Serial.println(s);
  delay(200);
}
```

Mit langem Draht an Pin 7 des Arduino wird vermutlich die Netz-
frequenz 50 Hertz angezeigt. Ist keinerlei Generator vorhanden,
ergibt sich durch kurzes Verbinden der Masse mit Pin 7 ebenfalls
eine Anzeigenänderung.

TABLET/PHONE ZEIGT DIE FREQUENZ

Auf dem Tablet/Phone wird ein RFO-Programm erstellt, welches
die Schnittstelle öffnet und im Grafikmodus eine Textausgabe
macht. Das Abfangen der gesendeten Bytes vom Arduino ist in einem Unterprogramm ausgelagert.

```
REM Start of BASIC! Program
INCLUDE btopen.bas
PAUSE 500
GR.OPEN 255, 16,16,16
GR.SCREEN w,h
GR.TEXT.ALIGN 3
tx=w-20

DO
```

```
a=128
GR.COLOR 255,a,a,a/2,1
GR.CIRCLE gelb,w/2,h/2,h/3
GR.TEXT.SIZE h/4
GR.COLOR 255,255,255,192,1
GOSUB readbt
GR.TEXT.DRAW tp, tx,h/2+h/8,rmsg$
GR.SHOW tp
GR.RENDER
PAUSE 200
GR.HIDE tp
BT.STATUS s
UNTIL s<>3
BT.CLOSE
END

readbt:
DO
 BT.READ.READY rr
 IF rr
  BT.READ.BYTES rmsg$
  !PRINT rmsg$
  a$=a$+rmsg$
 ENDIF
 i=IS_IN(CHR$(10),a$)
UNTIL i
rmsg$= LEFT$(a$,i-1)
a$=MID$(a$,i+1,LEN(a$))
RETURN

ONERROR:
END
```

Zu Beginn wird die Bluetooth-Verbindung geöffnet. Nach der 500 ms-Pause werden die Grafikparameter eingestellt. Die nachfolgende DO-Schleife läuft bis die Verbindung unterbrochen wird oder die Zurücktaste einen Fehler erzeugt, der mit *OnError* abgefangen wird. In der Schleife laufen folgende Dinge ab:

- Farbe festlegen
- Kreis konstruieren
- Texthöhe festlegen
- Farbe einstellen
- Zeichenkette rmsg$ abholen
- Zeichenkette als Text ausgeben
- Zeichenkette zeigen
- Grafik darstellen
- 200 ms warten auf nächste Frequenz
- Zeichenkette verstecken
- Bluetooth-Status lesen

Im Unterprogramm *readbt* wird überprüft, ob serielle Zeichen anliegen. Eingehende Zeichen werden in *rmsg$* empfangen und an die Zeichenkette *A$* angehängt. Diese wird auf das Byte 10 untersucht, was der Arduino mit *Serial.println* als Zeilenvorschub anhängt. Die Routine könnte optimiert werden, liefert aber erst einmal das gewünschte Ergebnis.

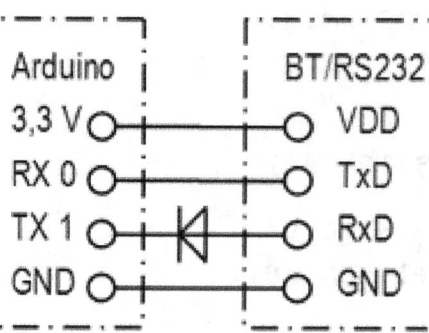

Abbildung 10: Verbindung Arduino - Bolutek

VERBINDUNG DER KOMPONENTEN

Messeingang ist Pin 7 des Arduino-Uno. In diesem Mikrocontroller läuft der Sketch zur Frequenzmessung mit der seriellen Ausgabe der Zeichenkette „   80 Hertz". Diese Zeichenkette wird dem Bluetooth-Adapter zugeführt, der diese Informationen drahtlos dem Tablet/Phone übermittelt. Die Verschaltung zwischen Arduino und Adapter ist dabei genauso, wie bei der LED-Steuerung weiter oben.

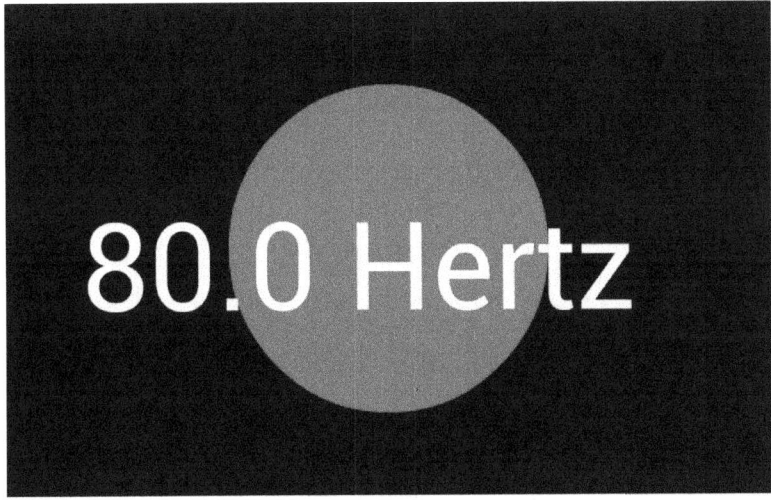

Abbildung 11: Smartphone zeigt Frequenz im Grafikmodus

1.3 DRAHTLOSES INTERFACE

Weiter unten wird gezeigt, wie etwas ältere und neue Hardware mit RS232-Anschluss direkt an das Tablet/Phone angeschlossen werden kann. Ein hier noch vorhandenes Interface ist das CompuLab der Firma ak-modulbus. Mit 2 Analogeingängen, 8 Digitalausgängen und 8 Digitaleingängen wurde und wird es noch in Schulen eingesetzt. Für Windows existieren verschiedene Programme, die diese Hardware unterstützt. Aus eigener Feder stammt zum Beispiel die Anwendung CompactDefinition. Damit kann gemessen und programmiert werden.

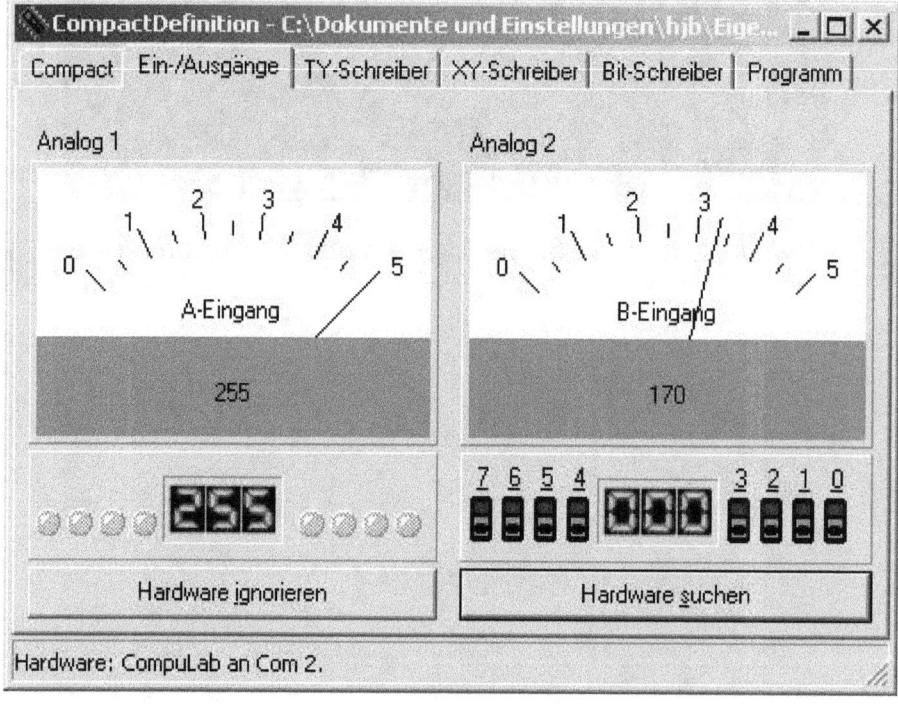

Abbildung 12: Windows-Oberfläche von Compact-Definition

Mit einem kleinen Programm, was in Arduinokreisen Sketch genannt wird, gaukelt der Mikrocontroller Arduino die Funktionen des *CompuLab* vor, so dass Compact-Definition ihn als *CompuLab* erkennt und behandelt. Die zwei Onboard-Spannungen des Arduino 5 V und 3,3 V werden angezeigt.

Es werden zwei Analogeingänge (8 Bit-Auflösung) und acht Digitalausgänge unterstützt in diesem Sketch. Digitaleingaben sind nicht vorgesehen. Analogausgaben kennt CompuLab nicht. Mit diesen wenigen Möglichkeiten kann man in Compact aber:

- Zwei Analogwerte (A-Eingang und B-Eingang) mit Analogmetern anzeigen.
- Zwei Analogwerte in einem Zeitschreiber darstellen und exportieren.
- Zwei Analogeingänge in einem XY-Schreiber darstellen und exportieren.
- Acht Digitalports Schalten.

UND

- Programme für den Compact-eigenen Interpreter verfassen (Ein Lauflicht liegt bei).

Auf *http://www.hjberndt.de/soft/ardcompact.html* ist das Projekt beschrieben worden.

ARDUINO WIRD ZUM COMPULAB

Hier soll nun gezeigt werden, wie mit vorhandener Software aus dem Internet eine drahtlose Messung mit Tablet/Phone erfolgen kann. Ein CompactDefinition für Android gibt es allerdings nicht. Der Sketch – also das Programm, welches im Arduino werkelt – ist wie folgt aufgebaut und auf der obigen Internetseite angegeben. Hier eine Kopie für die Arduino-IDE ab 1.0 mit geringfügigen Änderungen ohne Einfluss auf die Funktion:

```
//COMMANDS CLAB
#define AIN1 60
#define AIN2 58
#define DIN 211
#define DOUT 81
```

```
//DIGITAL OUT PINS 0 - 7 CLAB
byte Douts[] = {10,11,12,13,  16,17,18,19};
//DIGITAL IN  PINS 0 - 7 CLAB
// An 0,1 ist RX/TX
byte Dins[]  = { 2, 3, 4, 5,   6, 7, 8, 9};
//ANALOG IN PINS A - B CLAB
byte Ains[]  = {A0,A1};
//BitValues
byte Bits[]  = {1,2,4,8,16,32,64,128};

void setup()
{ Serial.begin(9600); //Special CLAB
  for(int i= 0;i<8;i++)pinMode(Douts[i],OUTPUT);
  for(int i= 0;i<2;i++)pinMode(Ains [i],INPUT);
  for(int i= 0;i<8;i++)
  {pinMode(Dins [i],INPUT);     //OPEN IS HIGH
   digitalWrite(Dins[i],HIGH); //WITH PULLUP
   }
  Serial.println("Arduino als CompuLab");
}

void loop()
{ int i, val, inbyte; byte b;
  val = Serial.available(); //Was da?
  if (val>0)
  {inbyte=Serial.read(); //abholen
   delay(5);
   switch(inbyte)
   { case 13  : //CLAB ID nur bei Compact 1.75!
                Serial.write(2);delay(2);break; //ID
     case DIN : for(i=0,b=0;i<8;i++) //PINS to BYTE
                 b+= (digi-
talRead(Dins[i])==HIGH?Bits[i]:0);
                Serial.write(b);break;
     case AIN1: Seri-
al.write(analogRead(Ains[0])>>2);break;
     case AIN2: Seri-
al.write(analogRead(Ains[1])>>2);break;
     case DOUT: b=Serial.read(); //Ausgabebyte holen
                for(i=0;i<8;i++)
                 digital-
Write(Douts[i],b&Bits[i]?HIGH:LOW);
                break;
     default:   break;
  }
 }
```

```
 delay(10);
}
```

Die Details sind für die Anwendung nicht sehr wichtig. Die Belegungen der Ein- und Ausgänge sind im oberen Teil ablesbar: Die 8 Digitalausgänge 0 bis 7 vom *CompuLab* werden die Arduino-Pins 10, 11, 12, 13, 16, 17, 18, 19. Die 8 Eingänge entsprechend Pin 2, 3, 4, 5, 6, 7, 8, 9 und die 2 Analogeingänge zu Pin 0 und 1 auf der anderen Pfostenleiste.

Die benutzen Kommandos stehen im Listing ganz oben und sind in dezimaler Form angegeben. Wird z.B. das Byte 60 ($3C_H$) gesendet, so antwortet das Interface mit dem Analogwert an Eingang 1 in Form einer Zahl von 0 bis 255, was dann in den Spannungsbereich von 0 bis 5 Volt umgerechnet werden kann. Analogeingang 2 wird mit 58 ($3A_H$) abgerufen. Die Digitalausgaben erfolgen byteweise. Um das Bitmuster 00001111 an den Ausgängen zu erhalten wird zunächst eine 81 (51_H) gesendet für das Kommando DOUT und sofort danach das Bitmuster 15 ($0F_H$). Den Binärzustand der digitalen Eingänge erhält man als Antwort auf das Byte 211 ($D3_H$). Schließlich reagiert der Sketch auf Byte 13 mit einer 2, was der Identifizierung in *CompactDefinition* dient. Die Ausgabe der Zeichenkette im Setup() dient lediglich dazu, durch Drücken der Reset-Taste am Arduino zu erfahren, welcher Sketch gerade geladen ist.

FUNKTIONSTEST

Die Verbindung der Komponenten erfolgt so, wie schon im Abschnitt „Schalten einer LED" oder „Frequenzmessung" dargestellt. Der Bluetooth-Adapter ist mit dem Arduino über 4 Leitungen verbunden. Der Sketch wurde vorher - bei nicht angeschlossenem Adapter - zum Arduino übertragen und der erwartet die Befehle in der Hauptschleife. Ohne Basic soll der Test mit dem Bluetooth-Terminal erfolgen. Der Eingabemodus wird von ASCII nach HEX umgeschaltet.

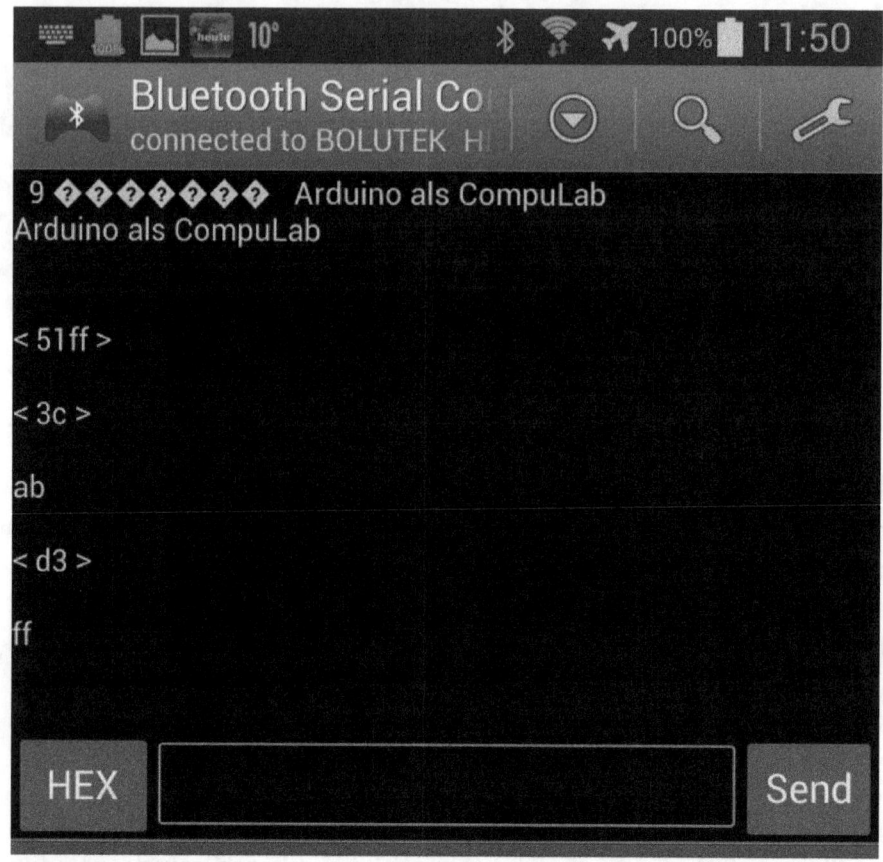

Abbildung 13: Steuern mit Play-Store-Apps

Erst werden mit „51ff" alle Digitalausgänge auf „1" gesetzt. Damit sollte auch die eingebaute LED an Pin 13 leuchten. Als Antwort auf „3C" im HEX-Modus wird „ab" zurück geliefert. Dieser Hexadezimalwert entspricht dezimal einer 171 und umgerechnet in eine Spannung ergibt das einen Analogwert von 3,35 Volt ($U = 171 /$ 255 * 5 V). Das entspricht ziemlich genau der Spannung an Pin A0 des Arduino, der per Drahtbrücke mit dem 3,3 V-Powerpin verbunden ist. Als Antwort der Digitalabfrage ist ein „ff" zu erwarten, da bei allen Eingängen in der Initialisierung der Pullup-Widerstand aktiviert wurde und alle Eingänge offen sind. „D3" ergibt also „ff".

ARDUINO-BLINK IN BASIC

Das Blink-Programm für den Arduino kann nun drahtlos gesteuert ablaufen. Nach dem üblichen Verbindungsaufbau (BTOPEN.BAS) folgt nach PRINT device$ die eigentliche Blinkroutine, die an den Digitalausgängen zwischen „01010101" und „10101010" im Sekundentakt umschaltet. Mit BT.WRITE CHR$(HEX(„51")); wird ein Byte gesendet. Die Funktion HEX wandelt den hexadezimalen Ausdruck „51" in die Zahl 81. Mit Chr$ wird aus der Zahl ein Zeichen, welches mit BT.WRITE auf den Weg geschickt wird. Das abschließende Semikolon sorgt dafür, dass kein Byte 13 oder 10 mit übertragen wird.

```
INCLUDE BTOPEN.BAS
DO
 BT.WRITE CHR$(HEX("51"));
 BT.WRITE CHR$(HEX("55"));
 PRINT t,"01010101"
 PAUSE 500
 BT.WRITE CHR$(HEX(51"));
 BT.WRITE CHR$(HEX("AA"));
 PRINT t,"10101010"
 PAUSE 500
 BT.STATUS s
 t++
UNTIL s<>3
BT.CLOSE
END
```

Listing „bluetooth blink Compact.bas"

1.4 ANDROID-SENSOREN STEUERN LED

Das Zusammenspiel zwischen Arduino, Bluetooth und Tablet/Phone kann auch zur Steuerung durch Sensor-Messwerte genutzt werden. In folgendem kleinen Beispiel wird die Helligkeit einer Leuchtdiode (LED) durch den Lichtwert des Helligkeitssensors im Smartphone gesteuert. Um eine LED am Arduino quasi analog anzusteuern, kann ein PWM-Ausgang benutzt werden. Ein Rechtecksignal mit entsprechendem Tastverhältnis (Puls-Weiten-Modulation) bewirkt einen quasi-analogen Gleichspannungsmittelwert. Pin 11 am Arduino unterstützt diesen Modus.

PWM-STEUERUNG

Da der PWM-Modus noch in keinem der bisher benutzen Sketches vorkam, muss ein neuer her, dafür sehr kurz:

```
//SensorLED
#define PIN 11

void setup()
{Serial.begin(9600);
 pinMode(PIN,OUTPUT);
 Serial.println("Sensor LED");
}

void loop()
{if(Serial.available())analogWrite(PIN,    Serial.read());
 delay(5);
}
```

In der Hauptschleife wird ein eintreffendes Byte mit *Serial.read()* gelesen und mit *analogWrite()* dem PWM-Pin weitergereicht. Damit ist die Helligkeit der LED drahtlos mit 255 Helligkeitsstufen einstellbar. Zur Übertragung des Sketches müssen eventuell vorhandene Leitungen an den Arduino-Pins RX/TX (0/1) entfernt werden, da sonst ein Übertragungsfehler auftritt (not in sync). Ein

kurzer Test im Bluetooth-Terminal ergibt volle Helligkeit bei „FF"
(255) im HEX-Modus, halbe Helligkeit bei „EF" (127) und Dunkel-
heit bei „00".

LOGARITHMISCHES LUX

Die etwas träge Helligkeitssensor-Abfrage lässt hier nur Messin-
tervalle von mehr als 50 ms zu. Der Sensorwert in Lux überstreicht
einen sehr großen Zahlenbereich. Durch den Zehnerlogarithmus,
einer Abrundung und einer anschließenden Anpassung landet der
Messwert mit der Zeile $a = FLOOR(LOG(MAX(a,1))*36)$ im gewünschten Bereich von etwa 0 bis 255 bei Innenraumbeleuchtung.
Mit der Funktion MAX soll der LOG10 vor Nullen geschützt werden.

```
INCLUDE BTOPEN.BAS
test=5
SENSORS.OPEN test
DO
  SENSORS.READ test,a,b,c
  a=FLOOR(LOG(MAX(a,1))*36)
  BT.WRITE CHR$(a);
  !PRINT a
  PAUSE 50
  BT.STATUS s
UNTIL s<>3
SENSORS.CLOSE
BT.CLOSE
END
```

1.5 MULTIMETER ÜBER BLUETOOTH AM PHONE/TABLET

Ein Multimeter an ein Smartphone anschließen, geht das? Ja, das geht, sogar auf zwei verschiedene Arten. Einmal über einen USB/RS232-Adapter und dem Host-Modus unter Android – also eine Kabelgebundene Lösung, die weiter unten beschrieben wird. Andermal drahtlos über Bluetooth, wie die folgenden Ausführungen zeigen sollen.

METEX-MULTIMETER

Zur Verfügung steht ein Digital Multimeter M-3650CR, das schon im Buch „Messen, Steuern, Regeln mit Word & Excel" zum Einsatz kam. Es ist kompatibel zum METEX 4650 CR und gibt die Anzeige des Messgeräts in Klartext über die serielle Schnittstelle in Form von 14 Bytes weiter. Die zum Buch gehörende Windows-DLL „RSAPI" unterstützte dieses Gerät besonders. Hier ein Textausschnitt, der seine Gültigkeit behalten hat:

Der Anschluss des Multimeters erfolgt über ein spezielles, mitgeliefertes Kabel. Die wichtigsten Leitungen sind die serielle Sendeleitung TxD und die serielle Empfangsleitung RxD. Beim Abfragen eines Digitalmultimeters wird über TxD ein Abfragekommando gesendet, worauf dann an RxD die Antwort des Messgeräts gelesen werden kann.

Zusätzlich zu den eigentlichen seriellen Datenleitungen und der Masseleitung GND verfügt die RS232-Schnittstelle über sechs sog. Handshake-Leitungen. Dabei handelt es sich um zwei Hilfsausgänge und vier Hilfseingänge, die oft eine wichtige Rolle bei der Steuerung des Datentransfers spielen. Zum Anschluss des DVM werden die beiden Ausgänge DTR und RTS benötigt.

Die serielle Schnittstelle der Multimeter verwendet Optokoppler zur Potentialtrennung. Die Abbildung zeigt den prinzipiellen Aufbau. Zur Stromversorgung werden die Leitungen DTR und RTS der RS232-Schnittstelle eingesetzt. DTR liefert klassisch +12V, während RTS die Schaltung mit -12V versorgt. Auf diese Weise lassen sich normgerechte RS232-Pegel sicherstellen. Die Ansteuerprogramme müssen diese Zustände der Hilfsleitungen erzeugen. Jede serielle Datenverbindung verwendet bestimmte Schnittstellenparameter, die zwischen PC und angeschlossenem Gerät übereinstimmen müssen. Laut Datenblatt der Firma Metex gelten für die verwendeten Multimeter folgende Einstellungen:

Abbildung 14: Metex Multimeter mit RS232-Anschluss

1	2	3	4	5	6	7	8	9	10	11	12	13	14
D	C	-	1	.	9	9	9			V			CR

Das Format eines Datenpakets

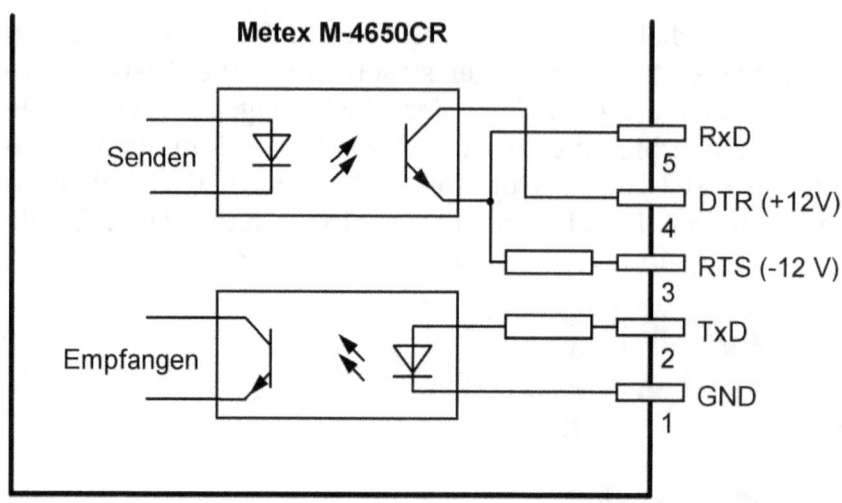

Abbildung 15: Prinzipschaltbild der seriellen Schnittstelle eines DMM

Übertragungsrate:	1200 Baud
Zeichenlänge:	7 Bit
Paritätsbit:	kein
Stopbits:	2

Die verwendeten DMM senden eine Kopie ihres aktuellen Anzeigeninhalts als Textstring mit einer Zeichenlänge von 14 Bytes. Darin werden der Messbereich, der Messwert und die Maßeinheit übertragen. Der eigentliche Zahlenwert befindet sich immer an den Stellen 4 bis 9. An den ersten beiden Stellen kann eine Angabe zum Messbereich stehen, an der dritten Stelle ein negatives Vorzeichen. Bis zu vier Stellen stehen für die Maßeinheit bereit. Jeder Textstring wird mit einem Zeilenendezeichen CR abgeschlossen.

Unter „www.reinhardweiss.de/german/metex.htm" gab oder gibt es eine ausführliche Beschreibung mit dem Hinweis auf das eben zitierte Buch.

Das Messgerät verfügt über eine COMM-Taste, die dafür sorgt, dass die Anzeige kontinuierlich über den seriellen Anschluss übertragen wird. Das Gerät sendet nach Empfang eines „D" auch ohne

COMM-Taste einmalig den Anzeigetext. Hier soll nur der kontinu-ierliche Datenstrom via Bluetooth an das Smartphone weiter ge-reicht werden.

Als Hardware werden folgende Komponenten benutzt:

- Android-Smartphone/Tablet mit Bluetooth (Galaxy Note)
- Bluetooth-Adapter (Bolutek)
- Metex Multimeter (M-CR3650CR)
- Zwei Widerstände und ein Transistor

HILFSSCHALTUNG ZUR PEGELWANDLUNG

Das Messgerät wird mit dem Bluetooth-Adapter verbunden, wel-cher die seriellen Daten dem Smartphone weiterreicht. Aufgrund der besonderen Anschlussverhältnisse des Messgerätes und einer erforderlichen Pegelwandlung auf TTL-Pegel wird eine kleine Schaltung benötigt.

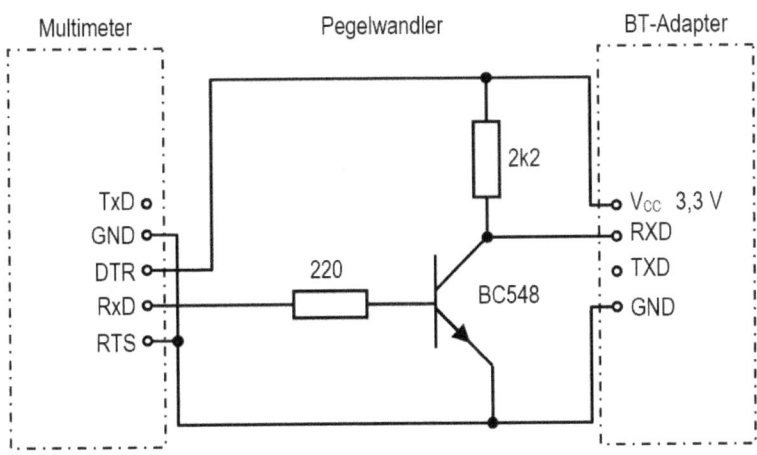

Abbildung 16: Pegelwandler DMM zu BT-Adapter

Das Endergebnis sieht dann auf dem Galaxy-Note wie folgt aus:

Abbildung 17: Smartphone zeigt Messwert des Multimeters

BAUDRATE UMSTELLEN MIT AT

Doch bevor ein solches Ergebnis erscheint, sind noch Software-Einstellungen vorzunehmen. Das Multimeter arbeitet mit einer Übertragungsgeschwindigkeit von 1200 Baud, der Bluetoothadapter ist im Auslieferungszustand auf 9600 Baud eingestellt. Das Messgerät benutzt 7 Datenbits und 2 Stoppbits. Möglicherweise lässt sich der vorhandene Bolutek-Adapter mit einem Nullmodemkabel sogar direkt von einem PC umschalten. Hier wird ein anderer Weg gewählt, da der PC möglichst aus bleiben soll, hier jedoch noch einmal verwendet wird. Weiter unten wird in diesem Buch erläutert, wie ein Arduino auch ohne PC programmiert werden kann.

Um wiederum Pegelproblemen aus dem Weg zu gehen, wird ein Arduino als Vermittler eingesetzt – so bleibt alles auf TTL-Pegel -, aber nur um die Baudrate einmalig zu verändern. Einmal umgestellt wird diese Hardware nicht mehr benötigt. Einstellungen am

Bluetooth-Adapter erfolgen im so genannten Kommando-Modus über AT-Befehle. Empfängt der Adapter über seine RxD-Leitung die Zeichenfolge „AT" mit anschließendem CR/LF, so antwortet dieser über die TxD-Leitung mit „OK". Der Adapter darf dabei mit keinem Gerät verbunden sein (blaue LED blinkt). Hier einige Beispiele:

AT
OK

AT+Version
+BOLUTEK Firmware V2.43, Bluetooth V2.0, HCI V2.1, HCI Rev37, LMP V4, LMP SubV37

AT+BAUD
+BAUD=4

AT+BAUD1
+BAUD=1

Bei der Anfrage AT+BAUD kommt als Antwort die vierte Einstellung und entspricht laut Dokumentation des HC04 (*BLK-MD-BC04-B_AT COMMANDS.pdf*) der Einstellung 9600 Baud. Mit „AT+BAUD1" wird die Übertragungsrate auf 1200 Baud gesetzt. Nach der Ausführung dieser Einstellung klappt die Kommunikation erst mal nicht mehr. Bei einem Terminalprogramm müsste jetzt auch auf 1200 Baud gestellt werden. Der Bolutek-Adapter besitzt einen Reset-Taster, der dazu dient bei Bedarf die Grundeinstellungen wieder herzustellen. Nach drei Sekunden Reset wären die 9600 Baud also wieder da, ohne den Umweg der Umstellung.

ARDUINO ALS HELFERLEIN

Die Umstellung erfolgt hier nun auf eine besondere Weise. Auf einem PC läuft ein Terminalprogramm. Der Arduino ist mit diesem PC via USB verbunden und erscheint an z.B. COM5 im Gerätemanager. Da die Kommunikation zwischen Arduino und PC nicht gestört werden soll, können die Leitungen an Pin 0 und 1 nicht benutzt werden. Der Adapter wird an die Leitungen von Pin 2 und 3 gelegt und ein kleiner Sketch im Arduino leitet die Daten weiter. Die Bibliothek *SoftwareSerial* bildet eine softwaremäßige RS232-Verbindung nach.

Ein Beispiel ist in der Entwicklungsumgebung dabei.

Hier der mitgelieferte Sketch mit geringen Anpassungen:

```
#include <SoftwareSerial.h>

SoftwareSerial mySerial(2, 3);

void setup()
{ Serial.begin(19200);
  Serial.println("Goodnight moon!");
  // set the data SoftwareSerial port
  mySerial.begin(9600);
  //mySerial.println("Hello, world?");
}

void loop() // run over and over
{ if (mySerial.available())
    Serial.write(mySerial.read());
  if (Serial.available())
    mySerial.write(Serial.read());
}
```

Es wird eine *SoftwareSerial*-Schnittstelle mit dem Namen *mySerial* an den Pins 2 und 3 angelegt und im Setup hier mit 9600 Baud eingestellt. Die „normale" serielle Schnittstelle (Pin 0 und 1) läuft hier mit doppelter Geschwindigkeit (19200), damit nichts klemmt. In der anschließenden Schleife werden die anstehenden Bytes entsprechend umgeleitet. Dieser Sketch wird übertragen und läuft im Arduino in der Schleife. Der Adapter muss nun noch mit seinen Anschlüssen RxD und TxD mit Pin 2 und 3 verbunden sein. Falls alles stimmt, kann nun über die Tastatur am PC in einem Terminalprogramm (oder im *SerialMonitor* vom Arduino) ein Kommando erfolgen. Der Arduino empfängt über die normale Verbindung, reicht die Daten weiter an den Adapter und der antwortet entsprechend. Die Kommandos müssen mit CR/LF abgeschlossen sein, also Wagenrücklauf und Zeilenvorschub (13/10). Dies wird z.B. im Arduino-*SerialMonitor* unten neben der Baudrate eingestellt.

Der Arduino kann nun wieder entfernt werden und der PC wird auch nicht mehr benötigt. Das Der RS232-Adapter arbeitet jetzt mit den erforderlichen 1200 Baud, aber noch mit 8 Datenbits mit einem Stoppbit.

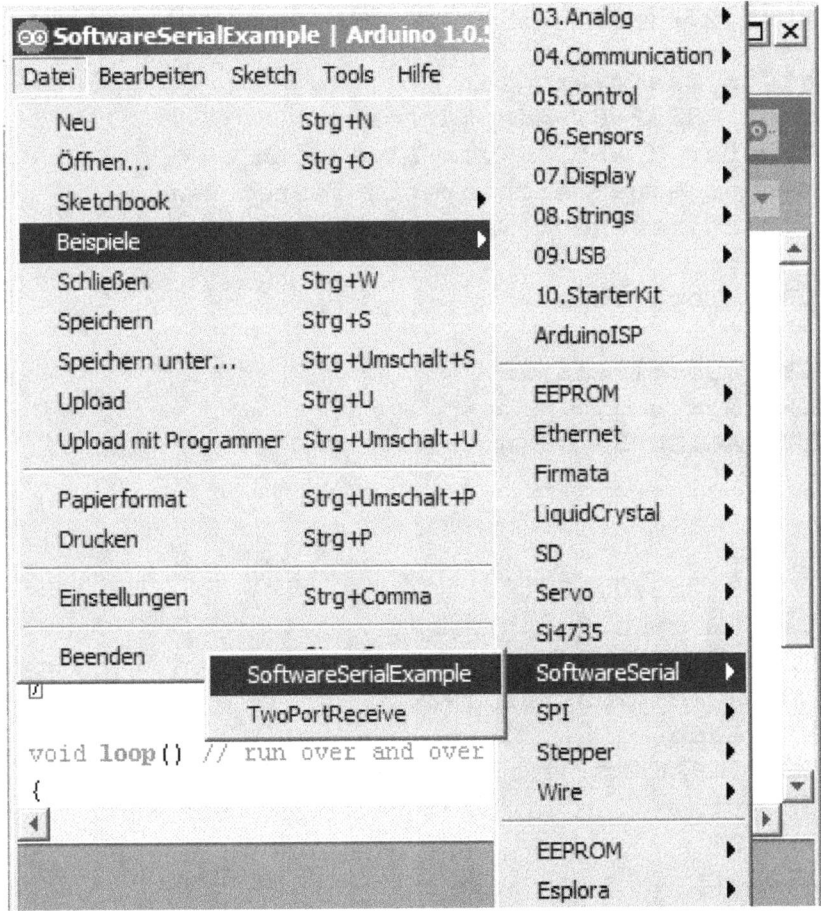

Abbildung 18: Arduino IDE mit Beispielen

DAS 8. BIT

Das letzte Problem sind die eigenwilligen Übertragungseinstellungen 7 Datenbits und 2 Stoppbit. Leider sind diese Einstellungen bei dem HC04-Modul des Bluetooth-Adapters wohl nicht vorgesehen. Darum wird ein Trick benutzt, um doch noch zum Ergebnis zu kommen. Da 8 Datenbits und 1 Stoppbit die gleiche Zeit benötigen wie 7 Datenbits und 2 Stoppbits und das 8. Bit also ein festes Stoppbit ist, muss dies lediglich wieder zurückgesetzt werden. Mit Hilfe logischer UNDierung mit dem Wert 127 bleiben nur die unteren 7 Bit gültig. Im folgenden RFO-Programm wird das in der Zeile x=BAND (x,127) bewerkstelligt.

```
!Start of Basic-Program
!Bolutek RS232-BT-Adaptertest.
!Multimeter M-3650CR via Bluetooth.
!Es sendet eine Zeichenkette fester Länge
!mit abschließendem Wagenrücklauf (13).

INCLUDE BTopen.bas

GR.OPEN 255, 16,16,16
GR.SCREEN w,h
GR.TEXT.ALIGN 3
tx=w

DO
  GR.COLOR 255,0,128,0,1
  GR.CIRCLE gelb,w/2,h/2,h/3
  GR.TEXT.SIZE h/4
  GR.COLOR 255,255,255,192,1
  GOSUB readbt
  GR.TEXT.DRAW tp, tx,h/2+h/8,rmsg$
  GR.SHOW tp
  GR.RENDER
  GR.HIDE tp
  BT.STATUS s
UNTIL s<>3
```

```
BT.CLOSE
END

readbt:
DO
 BT.READ.READY rr
 IF rr
  BT.READ.BYTES rmsg$
  !Bit 7 auf Null setzen
  b$=""
  FOR i =1 TO LEN(rmsg$)
   x=ASCII(MID$(rmsg$,i,1))
   x=BAND(x,127)
   b$=b$+CHR$(x)
  NEXT i
  a$=a$+b$
 ENDIF
 i=IS_IN(CHR$(13),a$)
 j=IS_IN(CHR$(13),a$,i+1)
UNTIL j
rmsg$= LEFT$(a$,i-1)
a$=MID$(a$,i+1,LEN(a$))
RETURN

ONERROR:
END
```

Mit *INCLUDE BTopen.bas* wird die Bluetooth-Verbindungsroutine eingebunden. Im Unterprogramm *readbt*: werden mit BT.READ verfügbare Zeichen gelesen und anschließend für jedes Zeichen das 8. Bit auf null gesetzt, damit der Text vom Multimeter auch lesbar ist. Da die Übertragung der Multimeteranzeige mit einem Byte 13 (CR) abgeschlossen ist, wird mit IS_IN nach diesem Zeichen gesucht um eine stehende Anzeige zu bekommen. Zum Schluss wird die Hilfsschaltung zwischen Multimeter und Bluetooth-Adapter entsprechend angegebenem Plan verschaltet.

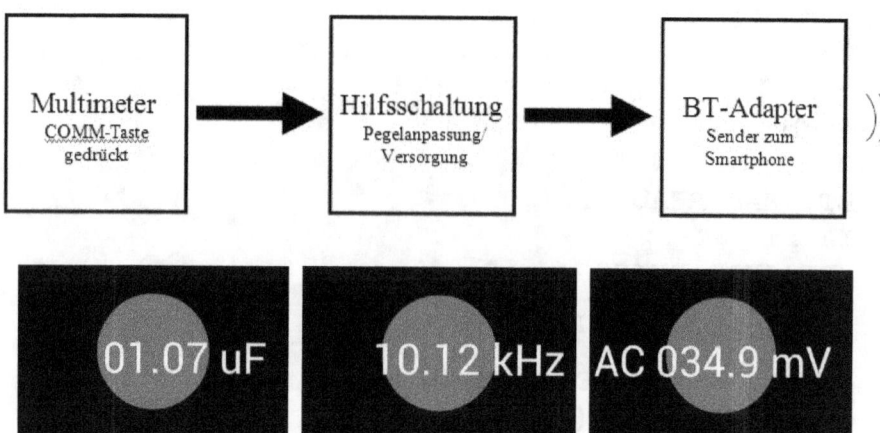

Abbildung 19: Zusammenspiel der Komponenten und Ergebnisse

1.6 Messen am Bordcomputer

Seit etwa dem Jahr 2000 werden Automobile mit einer OBD-Schnittstelle versehen. Darüber erfolgt die Analyse des Fahrzeugzustandes auch in der Werkstatt. Der so genannte OBDII (On-BoardDiagnostic)-Standard kann sogar Echtzeitmessungen während der Fahrt durchführen.

Abbildung 20: Typischer OBDII-Adapter

Im Fahrzeug befindet sich eine 16polige Buchse, die mit einem Diagnosegerät verbunden werden kann. Es gibt allerdings auch sehr preiswerte OBD/ Bluetooth-Adapter, die es erlauben drahtlos mit dem Bordcomputer in Verbindung zu treten. Damit kann die Kommunikation auch mit einem Smartphone erfolgen. Folglich gibt es entsprechende Apps im Play-Store. Mit wenigen Zeilen klappt das auch im Eigenbau.

Messkette Auto: OBDII-ELM327-BT-Smartphone

Der Bordcomputer und die entsprechenden Komponenten des Fahrzeugs lassen sich über die OBD-Schnittstelle bidirektional ansprechen. Auf diese Art und Weise lassen sich nicht nur Kühlwassertemperatur und Drehzahl abfragen, sondern auch Fehlerspeicher sind lesbar usw.

Zwischen Auto und Bluetooth werkelt ein Chip Namens ELM 327 und dient dazu die Kommandos zwischen den Geräten zu übersetzen. Der ELM benutzt dabei das RS232-Protokoll mit entsprechenden AT-Befehlen. Dieses serielle Protokoll wird im Adapter dann via Bluetooth dem Endgerät zugeführt.

- KFZ-Bordcomputer mit Sensoren und Aktoren
- OBD-Buchse für Diagnosegerät oder
- ELM 327-Chip erzeugt RS232
- Bluetooth zum Endgerät

Unter Windows könnte mit dem alten Hyperterminal – es ist im Netz noch auffindbar und läuft ohne Installation - der Bordcomputer via COM/Bluetooth angesprochen werden. Mit dem Android-Smartphone oder Tablet geht das fast noch einfacher.

BATTERIESPANNUNG ERMITTELN

Für einen ersten Test wird der Adapter zunächst ohne PKW auf dem Tisch mit einem 12 Volt Netzteil betrieben. OBD-Pin 16 für +12 V und Pin 4/5 für die Masse. Mit einer leichten Änderung im zweiten Teil des Listings 'Bluetooth1.bas' ist es möglich mit dem Adapter zu kommunizieren. Der Adapter mit dem ELM-Chip reagiert auf AT-Kommandos, OBD-Befehle in hexadezimaler Schreibweise werden einfach nur durchgereicht, wodurch es keine Einschränkungen gibt. Ein altes Modem reagierte auf "ATI" mit seinem Namen. So auch der hier benutzte Adapter. Eine gute Beschreibung findet man in der Datei "ELM327DS.pdf"

Mit 'ATI' wird das Betriebssystem des ELM327 angezeigt und ein Prompt '>' als Zeichen der Bereitschaft. Ist also das letzte empfangene Zeichen dieses Prompt, so ist der ELM327 empfangsbereit. In der oben genannten Beschreibung wird auch gezeigt, wie die Betriebsspannung ermittelt wird. Das AT-Kommando ist 'AT RV' (Read Voltage) und als Antwort schickt der Baustein die Spannung an PIN 16 zurück, was normalerweise die KFZ-Bordspannung ist, hier aber ein unterfordertes 12 Volt-Stecker Netzteil mit 14,5 Volt.

```
INCLUDE BTOPEN.BAS
a$="AT RV"+CHR$(13)
PRINT "Sende: "+A$
BT.WRITE A$
count=0
DO
 PAUSE 100
 BT.READ.READY count
UNTIL count>0
a$=""
DO
 BT.READ.BYTES R$
 a$=A$+R$
 BT.READ.READY COUNT
UNTIL count=0
PRINT "Empfang: "+A$
BT.CLOSE
END
```

Die entsprechenden Programmzeilen zeigen die Anforderung, sowie die Antwort.

Nach dem Senden wird etwas auf die Antwort gewartet. Wenn ein Zeichen bereit ist, wird davon ausgegangen, dass der Rest sofort folgt. Die empfangenen Bytes landen erst in *R$*. Die Zeichenkette *A$* enthält am Ende die komplette Antwort (mit dem Prompt).

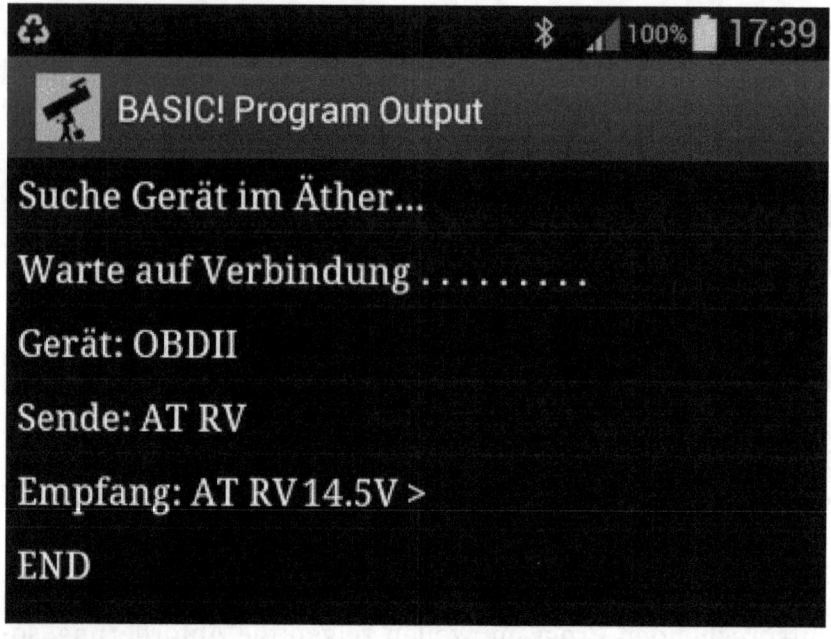

OBD-Kommandos werden einfach weiter gereicht, womit es möglich ist Fehler aus dem Bord-Speicher zu lesen. Diese Kommandos sind meist fahrzeugabhängig, aber im Internet zu finden.

2 USB-HOST UND RS-232

Die USB-Schnittstelle des Android Tablets/Phone ist inzwischen nicht nur zum Laden oder zur Datei-Übertragung geeignet, bei der sich das Gerät wie ein USB-Stick verhält, welcher an einen PC angeschlossen wird. Viele Geräte sind in der Lage selber die PC-Rolle zu übernehmen. Der Modus nennt sich HOST-Modus und ein entsprechendes Adapterkabel wird USB-OTG (OnTheGo) genannt.

Abbildung 21: OTG-Adapter für Geräte mit HOST-Unterstützung

Dieses Kabel weist auf der einen Seite den passenden Mikro-USB-Stecker auf, der in das Android-Gerät passt. Auf der anderen Seite ist eine USB2-Buchse angebracht, an die übliche USB-Geräte angeschlossen werden können. Dazu zählen:

- USB-Maus
- USB-Tastatur
- USB-Stick
- USB-Festplatte
- HDMI-Adapter
- VGA-Adapter
- **USB/RS232-Adapter**
- u.v.a.

Beim Anschluss der Geräte ist zu beachten, dass nun auch die Stromversorgung vom Android-Gerät übernommen werden muss und eine externe Spannungsversorgung für das Tablet/Phone so nicht mehr möglich ist. Um dennoch längere Zeit am mobilen Gerät arbeiten zu können, sollte das angeschlossene Gerät extern gespeist werden. HDMI/VGA-Adapter z.B. besitzen darum eine Mikro-USB-Buchse die dann die Versorgung darüber erfolgen kann.

Auch bei externen USB-Festplatten, ohne eigene Spannungsversorgung (2,5 Zoll), reicht der gelieferte Strom bei vielen mobilen Geräten nicht aus. Abhilfe schafft da ein aktiver USB-Hub, oder ein entsprechendes Y-Kabel.

Abbildung 22: Aktiver USB-HUB (ohne Gehäuse) mit zusätzlicher Spannungsversorgung.

Abbildung 23:
USB-Y-Adapter für die Spannungsversorgung externer Geräte (Fest-
platten)

Abbildung 24: USB/RS232-FTDI-Adapter

Das Android Betriebssystem unterstützt in den aktuellen Versio-
nen so genannte FTDI-Adapter. Dies sind übliche USB/RS232-
Konverter allerdings mit einem bestimmten Chipsatz. Dadurch
wird keinerlei Treiber benötigt und die angeschlossene Hardware
wird sofort am OTG-Kabel erkannt. Auch der Arduino benutz einen
solchen Chip und kann darum ebenfalls am Tablet/Phone betrieben werden (wenn auch beim hier benutzten Galaxy Note 1 über-

wiegend nur mit externer Spannungsversorgung). Dazu weiter unten mehr.

Wird ein OTG-Kabel angeschlossen oder entfernt, so meldet dies Android entsprechend am oberen Bildschirmrand:

ψ USB-Connector getrennt.

Wird der FTDI-Adapter in die USB-Buchse des OTG-Kabels gesteckt, so erfolgen Anwendungsvorschläge, die diese Hardware unterstützen. Es gibt inzwischen einige im Play-Store, die kostenlos probiert werden können.

Abbildung 25: Vorgeschlagene Apps für den FTDI-Adapter

Da RFO-Basic! die Android-Routinen „UsbSerial" (noch) nicht unterstützt, werden nachfolgend überwiegend Programme aus dem Play-Store eingesetzt.

2.1 INTERFACE-ANSTEUERUNG

Die beiden Interfaces der Firma *ak-modulbus* waren zu ihrer Zeit mit einer RS232-Schnittstelle ausgestattet, die es erlaubte Messungen mit dem PC durchzuführen. Inzwischen wurden die beiden Geräte zu einem Gerät SIOSLAB kombiniert und unterstützen sowohl USB als auch RS232. Stellvertretend für viele RS232-Geräte mit Bytesteuerung sollen hier nun die reinen RS232-Varianten benutzt werden, bei denen eine externe Spannungsversorgung unumgänglich war und somit das Problem der Stromversorgung durch das Phone bzw. Tablet entfällt. Der Adapter selber benötigt einen nicht zu hohen Strom.

Abbildung 26: Interfaces mir RS232-Anschluss

Die rechte Abbildung zeigt das verwendete Interface CompuLAB.
Das Gerät wurde auch im Buch „Messen, Steuern und Regeln mit
Word und Excel" (Franzis'-Velag, ISBN 978-3-7723-3109-1) eingesetzt und die dortigen Zeilen haben teilweise noch Gültigkeit. Hier
die wesentlichen Passagen:

Das Interface bietet folgende Funktionen:

- acht digitale Ausgänge mit Kontroll-LEDs (TTL-Pegel)
- acht digitale Eingänge (TTL-Pegel)
- zwei analoge Eingänge 0...5 V, Auflösung 8 Bit

Das CompuLAB steht stellvertretend für eine große Gruppe von
Geräten, die über die serielle Schnittstelle mit dem PC nicht Text-
zeichen, sondern Einzelbytes, also Zahlenwerte im Bereich 0 bis
255 austauschen. Dabei werden bestimmten Kommandobytes In-
terface-Funktionen zugeordnet. Das Interface muss jeweils ein
Byte empfangen, es dekodieren und eine entsprechende Aktion
einleiten. Gegenüber textorientierten Interfaces ergeben sich dabei
erhebliche Zeitvorteile. Praktisch lassen sich mit einem Digitalmul-
timeter etwa zwei Messungen pro Sekunde einlesen. Mit dem
CompuLAB können dagegen bis etwa 1000 Messungen pro Sekunde ausgeführt werden, wenn auch mit geringerer Genauigkeit.

ANSTEUERUNG ÜBER EINZELBYTES

Prinzipiell lässt sich jedes beliebige Interface mit serieller Schnittstelle über den FTDI-Adapter ansprechen. Zunächst muss man dazu die entsprechenden Informationen zur Ansteuerung im Hand-
buch des Herstellers suchen. Wichtig sind die Schnittstellenparameter und die definierten Kommandos.

Das CompuLAB arbeitet mit 19200 Baud, 8 Datenbits, 2 Stoppbits
und keinem Paritätsbit. Es wird über Kommandos in Form von
Einzelbytes gesteuert. Nach dem Einschalten wird auf das erste
über die serielle Schnittstelle gesendete Byte gewartet, um es als
Kommando zu interpretieren. Wenn es sich um ein gültiges Kommando handelt, wird eine entsprechende Aktion ausgeführt. So

wird z.B. die Zahl 72 als Kommando zur Ausgabe an die digitalen Ausgänge interpretiert. Da für diese Aktion auch noch ein Datenbyte erforderlich ist, wird das nächste Byte abgewartet und nach dem Empfang an die Ausgänge weitergeleitet. Eine schnelle Folge von Ausgaben erfordert also immer abwechselnd die Zahl 72 und das Ausgabebyte.

Die meisten Programme kommen mit vier Kommandos aus:

72: Digitale Ausgabe
64: Digitale Eingabe
60: Analoge Eingabe von Kanal A
58: Analoge Eingabe von Kanal B

Bei den digitalen Ausgaben ist zwischen Kommando und Datenbyte nur eine sehr kleine Pause unter 50 Millisekunden erlaubt. Nach einer zu langen Wartezeit setzt sich das Interface automatisch in den Grundzustand zurück und erwartet ein neues Kommando.

SCHALTEN DER DIGITALAUSGÄNGE

Zum Einsatz kommt die Anwendung „FTDI UART Terminal v1.0" aus dem Play-Store. Um die seriellen Parameter einstellen zu können, muss der Adapter angeschlossen sein. Die Verbindung: Smartphone (MicroUSB) - OTG-Kabel (USB2) - FTDI-Adapter (RS232) - Interface

Die Verbindung erfolgt sinnvoller Weise auch in dieser Reihenfolge. Beim Anstecken des FTDI-Adapters kann dann das Terminalprogramm aufgerufen werden. Die seriellen Parameter werden im Menü unter Settings erreicht. Die Werte für das benutzte Interface sind 19200 Baud, 8 Datenbits, 1 Stoppbit.

Um eine digitale Ausgabe zu erreichen wird zunächst ein Byte mit dem Dezimalwert 72 gesendet und das Byte, welches am Digitalausgang erscheinen soll. Da eine dezimale Byteübertragung im Terminalprogramm nicht vorgesehen ist, wird der HEX-Modus benutzt (einmal auf „CHAR" drücken zum Umschalten). Dann werden die Zeichen im Eingabefeld nicht mehr als einzelne Zeichen und Buchstaben interpretiert, sondern als Hexadezimalzahl. Aus der Dezimalzahl 72 wird dann eine 48_H (4*16+8). Soll das Muster 10101010 am Digitalausgang erscheinen, so muss als zweites Byte AA_H übertragen werden.

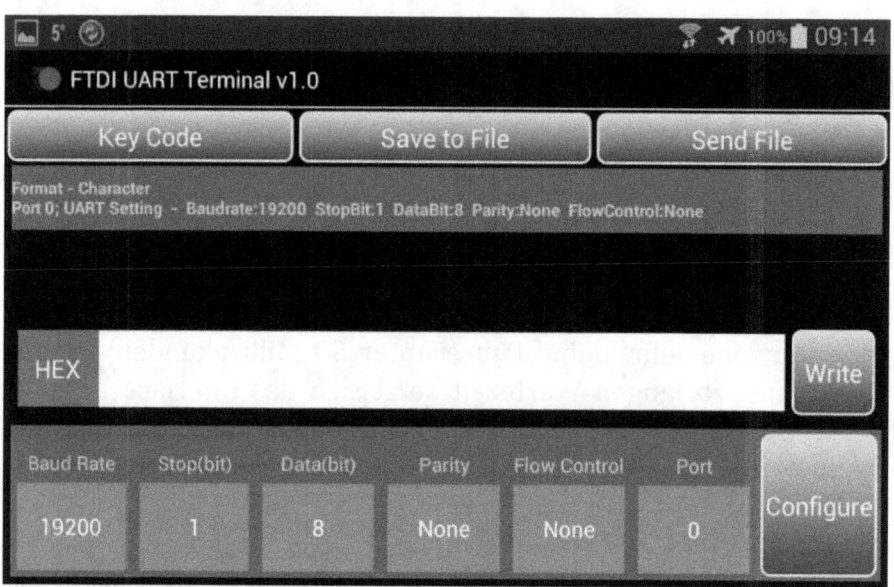

Abbildung 27: FTDI-Terminal

Mit der Eingabe der Zeichen „48AA" oder auch „48aa" und anschließendem „Write" gehen die LED am Interface wie gewünscht an. Mit „4800" schaltet man die LED wieder alle aus. Das benutzte Interface muss mit seinem Stecker Netzteil versorgt sein.

ANALOGE UND DIGITALE MESSUNGEN

Auf die gleiche Art und Weise können Messungen erfolgen. Mit der Dezimalzahl 64 antwortet das Interface mit dem Byte, welches die Digitaleingänge darstellt. Ist z.B. der niederwertigste Eingang mit 5 Volt verbunden und die übrigen Eingänge auf Masse, so entspricht das dem Zahlenwert 1. Dann sollte nach dem Senden des Hexadezimalwertes „40_H" (4*16+0) das Interface mit „01" antworten.

Analoge Messungen erfolgen auf gleiche Weise. Mit dem Dezimal-wert 60 wird das *CompuLab* aufgefordert den Zahlenwert der 8-Bit-Wandlung an Eingang A zu liefern. Ist dieser Eingang mit der 5 Volt-Bordspannung verbunden, so liefert „3C$_H$" ein „FF" zurück, was dem 8-Bit-Vollausschlag 255 entspricht. Die entsprechende Spannung berechnet sich dann nach: U in Volt = x / 255 * 5, mit x als eingelesenem Analogwert.

2.2 MULTIMETER ÜBER USB/RS232-ADAPTER

Unterstützt das Tablet/Phone den OTG-USB-Modus, so kann das Multimeter, welches weiter oben über Bluetooth ausgelesen wurde, auch direkt an das mobile Gerät angeschlossen werden. Mit dem entsprechenden RS232/USB-Adapter entsteht so ein drahtgebundenes mobiles Messsystem ohne irgendeine Notwendigkeit einen PC zu bemühen.

ANSCHLUSS TESTEN

Mit einem Quicktester für RS232-Schnittstellen, dem RS232/USB-Adapter und einem OTG-Kabel soll die Funktion getestet werden. Dazu werden nacheinander folgende Schritte durchgeführt:

- Smartphone aktivieren

- RS232/USB-Adapter mit Quicktester (Leitungsüberwachung) verbinden

- OTG-Kabel mit Mikro-USB am Phone/Tablet verbinden (Meldung erfolgt)

- OTG-USB2-Buchse mit RS232/USB-Adapter verbinden (Vorschlag erfolgt)

Der Quicktester zeigt drei gelbe Signale, die für negative RS232-Pegel stehen. DTR, RTS und TxD zeigen (-) an. Mit der freien Software „Free USB Serial Term" aus dem Playstore können dann auch die Leitungen RTS und DTR einzeln geschaltet werden. Nach dem Start der App wird mit dem Symbol Telefonhörer eine Verbindung hergestellt. Durch Betätigung der Schalter „DTR" und „RTS" wechseln am Quicktester die Signale von Gelb nach Rot und umgekehrt. Der Adapter liefert also brauchbare RS232-Pegel. Um eine Datenübertragung zu testen, wird auf 600 Baud umgeschaltet, damit die einzelnen Pegelwechsel augenscheinlich erkennbar bleiben. Ein „Hallo Welt" lässt die TxD-Leitung des Quicktesters entsprechend blinken.

VERBINDUNG MIT DEM MULTIMETER

Das Multimeter M-3650CR ist zwecks galvanischer Trennung mit Optokopplern versehen, die ihre Spannung der RS232-Schnittstelle entnehmen. Das Innenleben des Schnittstellenanschlusses dieses Multimeters wurde bereits weiter oben (Multimeter über Bluetooth am Phone/Tablet) bei der Bluetooth-Variante dargestellt. Bei unveränderter Stecker-Belegung erfolgt nun die Verbindung zum Smartphone direkt. Der Quicktester wird nicht mehr benötigt.

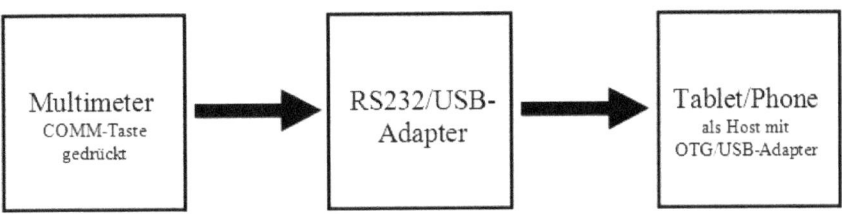

Abbildung 28: Multimeter am USB-Anschluss (schematisch)

Soll nur eine Einzelmessung erfolgen, braucht die COMM-Taste am Multimeter nicht betätigt werden. Durch das Senden eines „D", oder bei dem M3650CR eines beliebigen Zeichens, antwortet das Multimeter mit den seriellen Daten der Anzeige.

MESSKURVE MIT MULTIMETER

Als Beispielanwendung der gesamten Messkette wird die Spannungsänderung der offenen AC-mV-Eingänge messtechnisch erfasst und anschließend grafisch dargestellt. Die Wahl des Messbereiches ist rein willkürlich und könnte genauso der Bereich Frequenz, Widerstand, Strom oder Kapazität sein.

Benötigte Geräte:

- Smartphone/Tablet (Android)
- RS232/USB-Adapter (FTDI-Chip)
- OTG-Kabel (Host-Modus)
- Multimeter M-3650CR oder Ähnliches

Benötigte Software (kostenlos):

- „Free USB Serial Term" (App aus dem Play-Store)
- Kingsoft-Office oder Polaris-Office

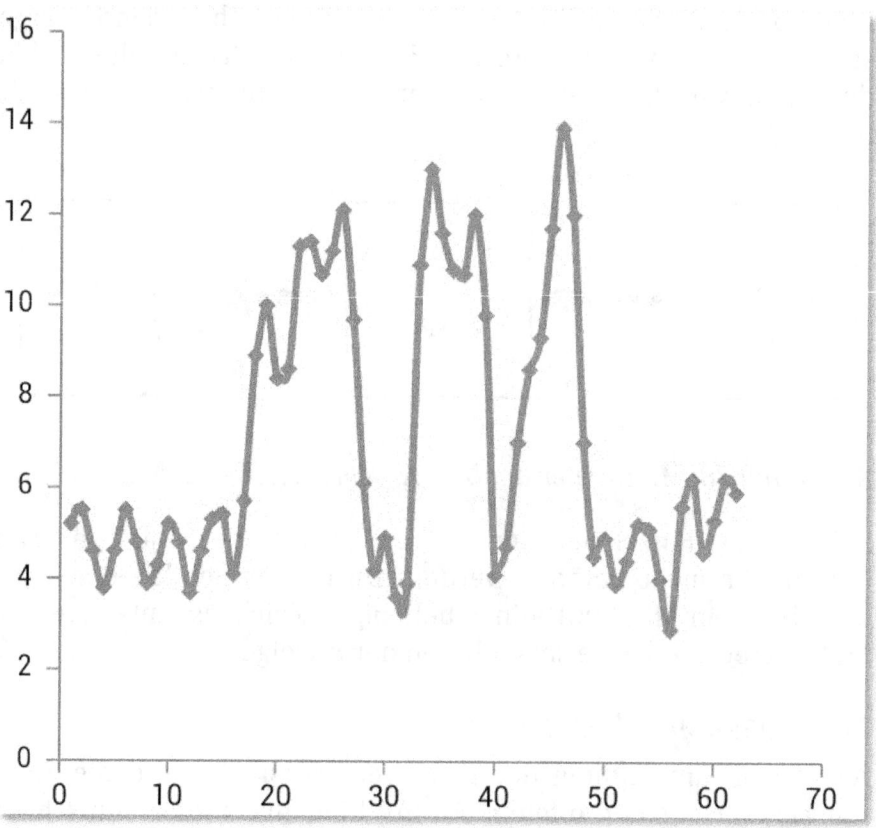

MESSWERTAUFNAHME

Zur Messwerterfassung wird die schon weiter oben dargestellte Messkette aufgebaut. Das Smartphone wird mit dem USB-Host-Kabel (OTG) verbunden, danach dann dort der RS232/USB-Adapter angeschlossen. Von den vorgeschlagenen Applikationen wird „Free USB Serial Term" gewählt. Nun wird das Multimeter an den RS232-Aschluss des Adapters angeschlossen und das Gerät in den kleinsten mV-Bereich (AC) geschaltet. Die Eingangsbuchsen bleiben hier offen, das Gerät fängt sich geringe Spannungen selber ein. Nach Drücken der *Comm*-Taste sollten bereits Daten gesendet werden. Ob sie auch in der App erscheinen liegt auch an den dort eingestellten Schnittstellenparametern.

Im Dialog zur Einstellung der Schnittstellenparameter kann auch der Haken bei „enable file logging" gesetzt werden, was bedeutet, dass die eingelesenen Messwerte zusätzlich in eine Text-Datei geschrieben werden. Der Speicherort der *.log-Datei wird in Klammern angedeutet. Damit ist es später möglich mit entsprechender Software die Messwerte der übertragenen Daten zu isolieren und grafisch darzustellen. Damit die Daten des Multimeters auch fließen, muss bei diesem Gerät noch die Leitung DSR angeschaltet sein. Wird beim Empfang (RX) noch ein Haken bei CR gemacht, so erscheinen die Messwerte untereinander, so dass sie für die spätere Verarbeitung schon zeilenweise verfügbar sind.

Nun kann die eigentliche Messung erfolgen, indem etwas an den Buchsen bzw. Messkabeln hantiert wird.

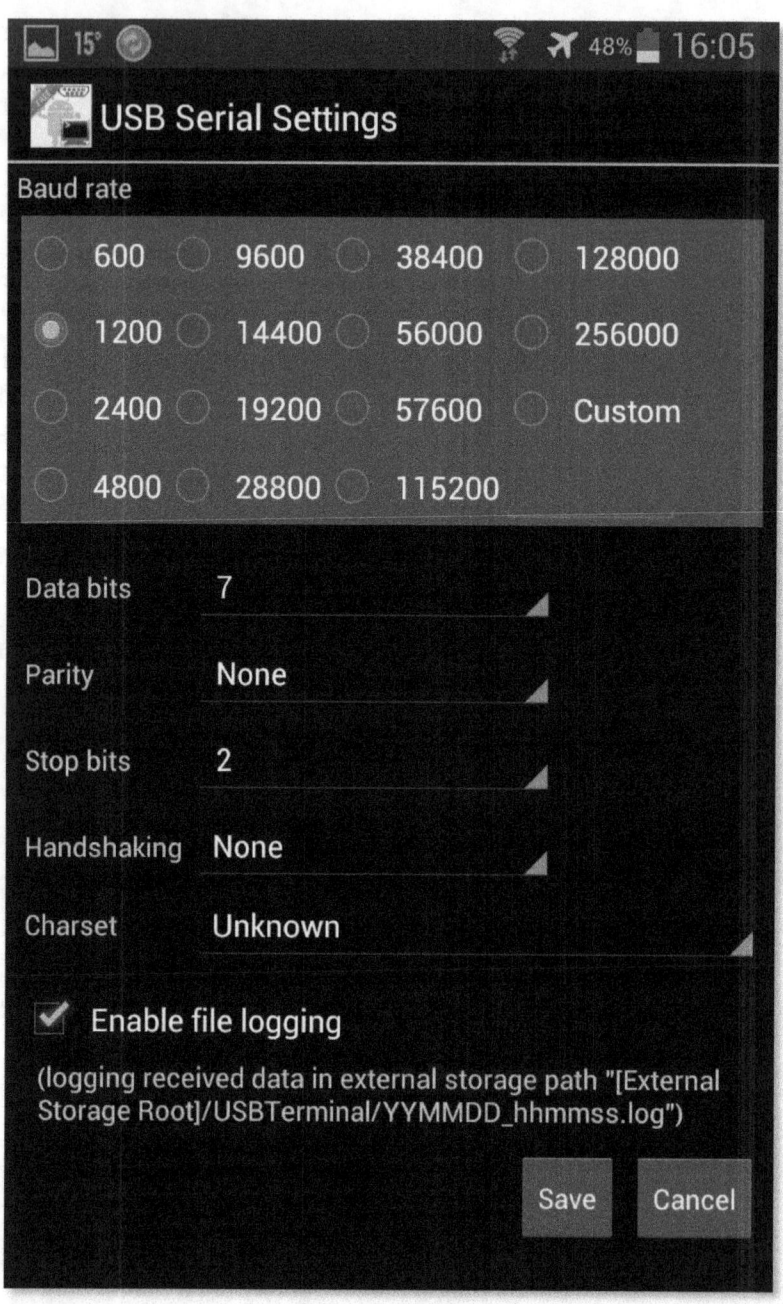

Abbildung 29: Play-Store-App mit RS232-Einstellungen

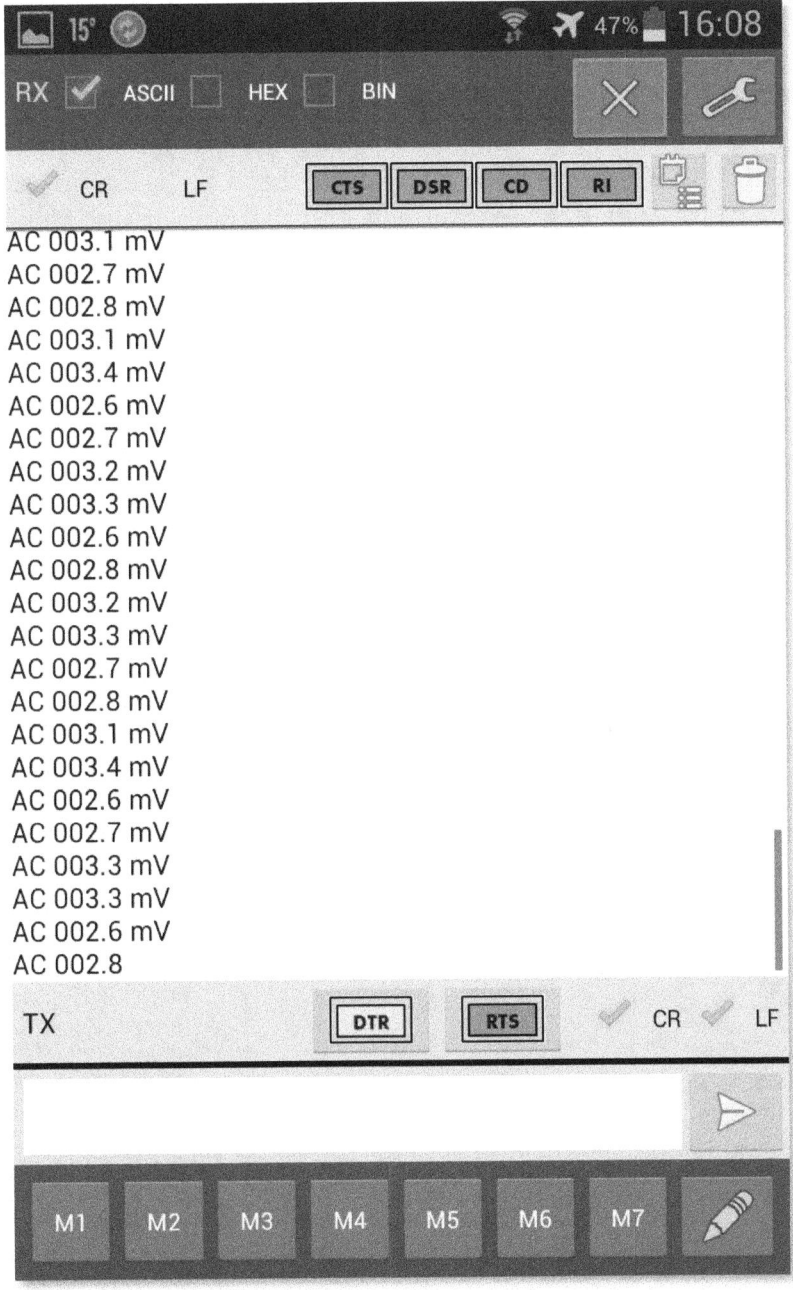

Abbildung 30: Eingehende Messwerte vom Multimeter

DARSTELLEN DER MESSWERTE

Je nach verwendeter Software zur Darstellung der Daten müssen unterschiedliche Umformatierungen erfolgen. Polaris-Office erwartet in der hier benutzten Version Zahlenwerte mit Dezimalpunkt, während Kingsoft-Office ein Komma bevorzugt. Bei beiden Varianten muss aber der Messbereich und die Einheit der Messwertanzeige entfernt werden, damit in einem Tabellenblatt alle Messdaten als Zahlen interpretiert werden, um dann das gewünschte Diagramm zu erstellen.

Die Log-Datei wird mit Kingsoft-Office (WPS) geladen und mit Search/Replace (Suchen/Ersetzten) das entsprechende Format hergestellt.

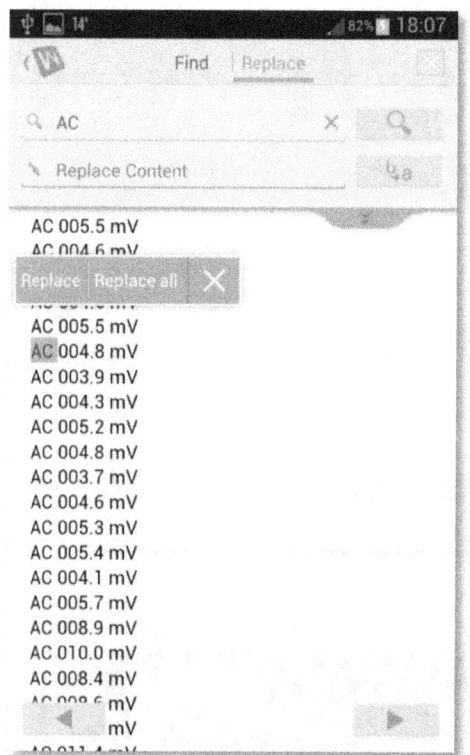

Abbildung 31: Kingsoft-Office (WPS) mit den Messwerten

Der Ausdruck „AC „ wird mit „" (nichts) ersetzt, dann „ mV" in glei-
cher Weise. Schließlich noch der „." Zu einem „," (Punkt zu Komma). Anschließend wird alles markiert und kopiert.

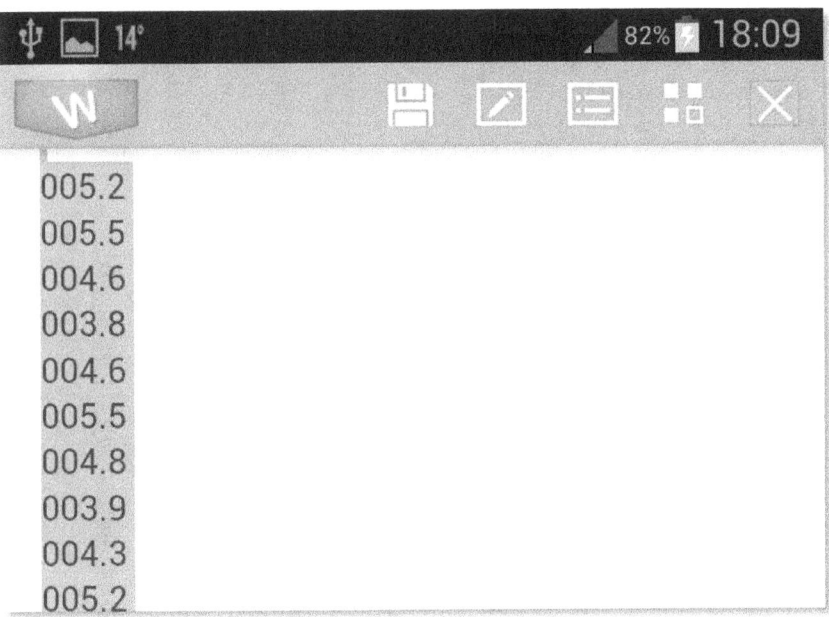

Abbildung 32: Suchen/Ersetzen in Office

Die so formatierten Messdaten können nun in ein neues Excel-
Blatt von Kingsoft-Office eingefügt werden.

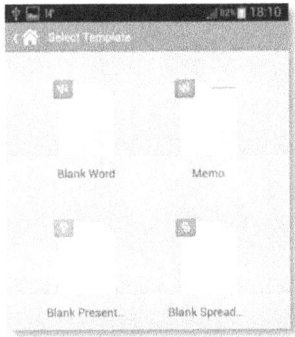

Abbildung 33: Blattauswahl in Office

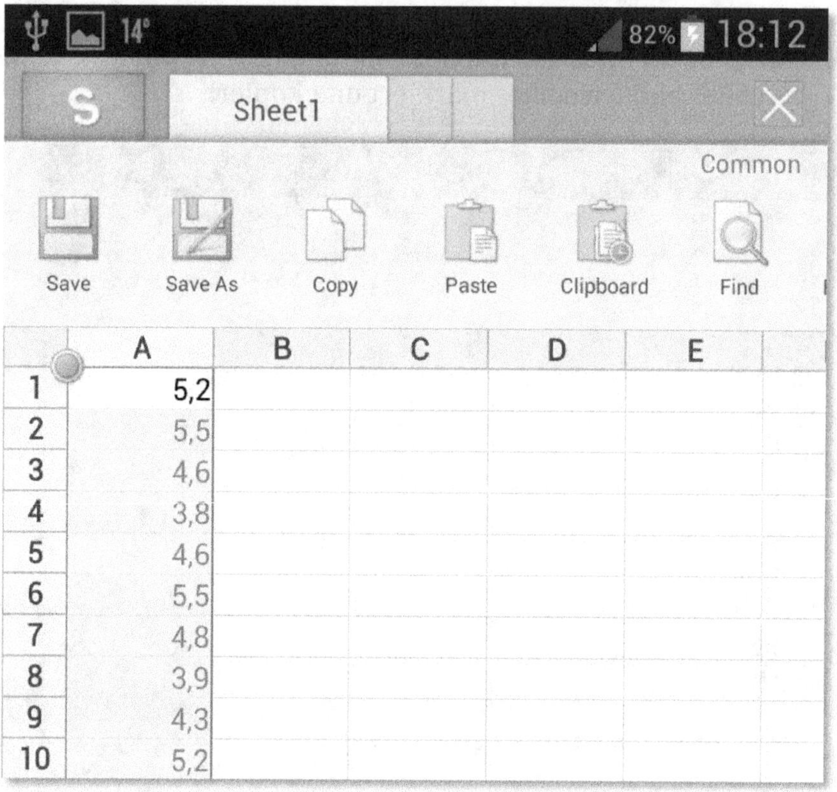

	A	B	C	D	E	
1	5,2					
2	5,5					
3	4,6					
4	3,8					
5	4,6					
6	5,5					
7	4,8					
8	3,9					
9	4,3					
10	5,2					

Abbildung 34: Messwerte im Tabellenblatt

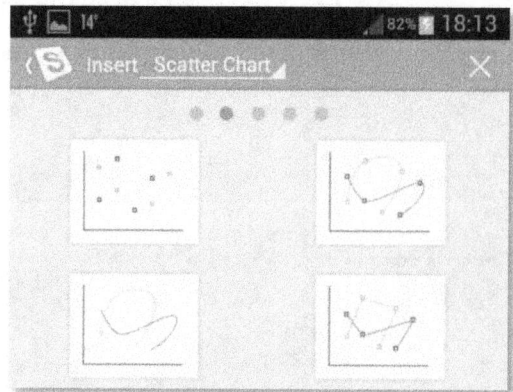

Abbildung 35: Diagrammtyp-Auswahl

Die rechtsbündige Schreibweise lässt erkennen, dass Zahlen vorliegen. Nun muss nur noch ein Diagramm-Assistent die Kurve auf den Schirm bringen. Unter „Insert" findet man „Chart" für „Diagramm". Hier sind weitere Typen zur Auswahl vorgesehen. Mit „Scatter Chart" wird hier das gewünschte Ergebnis erreicht. Und zum Schluss das Diagramm der Messwerte.

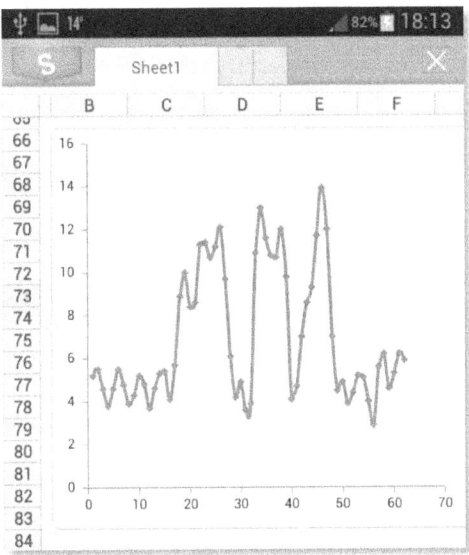

Abbildung 36: Messdaten als Diagramm

Unter Polaris-Office entfällt das Ersetzten des Dezimalpunktes. Das Einfügen der Daten aus der Zwischenablage funktioniert, indem man die Spalte „A" in der Kopfzeile länger berührt und bei dem dann erscheinenden Kontext-Menü den Punkt „Einfügen" wählt. Im Hauptmenü kann man in der Version 4 der App über das „+" ein Diagramm einfügen, welches die Messdaten entsprechend darstellt:

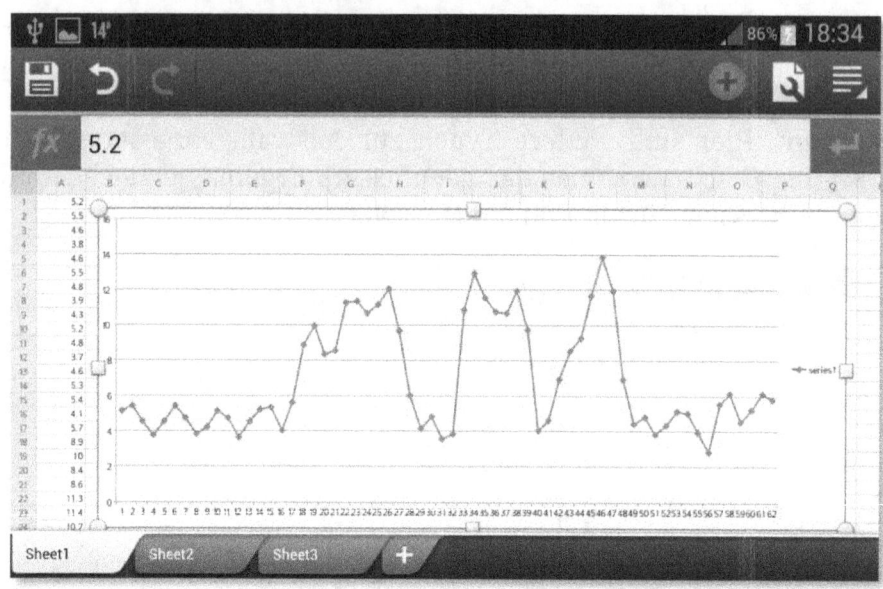

Abbildung 37: Polaris-Office mit den Messwerten

MESSWERTDARSTELLUNG MITTELS RFO-BASIC!

Die Darstellung der Messwerte mittels Office ist komfortabel, auch hinsichtlich der weiteren Auswertungsmöglichkeiten in Tabellenkalkulationen, hat aber auch einige Nachteile. Dies sind unter anderem die manuelle Umformatierung und die festgelegte Darstellung. Mit wenig Programmieraufwand können die Daten nach eigenen Vorstellungen erscheinen. Um das Rad nicht neu zu erfinden, bietet es sich an auf Software der RFO-Basic!-Gemeinde zurück zu greifen. Das mitgelieferte Beispiel „f39_download.bas" zeigt, wie man auf dem entsprechenden ftp-Server Quelltexte und Anwendungen laden kann. Den hier benutzten X/Y-Plotter „fnPlot10.bas" fand oder findet man unter *ftp.laughton.com* mit dem Passwort „basic" und dem Anwender „basic" in folgendem Verzeichnis:

Abbildung 38: FTP-Downloadverzeichnis

Die Datei „fnPlot10.bas" eignet sich gut zur einfachen und schnellen Darstellung von Messwerten. Der Quelltext macht einen soliden Eindruck und kann nach kurzer Zeit den eigenen Wünschen angepasst werden. Da eine Art Objekt (Bundle) benutzt wird, ist es auf einfache Weise möglich, durch Kopieroperationen mehrere Diagramme zu erzeugen, wie die Originaldemo auch zeigt.

Die Daten werden in Arrays abgelegt. Die Speicherplatzbelegung erfolgt mit *DIM x[aa]* und

DIM y1[aa], wobei mit aa = 600 Messpunkte vorgesehen sind. Die anderen Y-Daten bleiben bei einer Messreihe frei. Der Quelltext wurde so angepasst, dass bei verschiedenen Messproblemen nur im oberen Teil Änderungen erfolgen müssen.

Die erste Zeile legt die Orientierung des Bildschirms fest und ist hier auf „quer" eingestellt. Danach folgen die Aufrufe *openScreen* und *userfunctions* zwecks Initialisierung. Als Funktion wird hier die Messdatei gelesen und entsprechend in die Arrays eingetragen. Als sehr komfortabel erweist sich hier die Zeile *VAL(WORD$(s$,2))*, die aus einer Zeichenkette mit Leerzeichen die Worte isoliert. Hier wird das zweite Wort, also der Messwert ohne Bereich und Einheit isoliert und mit VAL in einen Zahlenwert gewandelt. Die Variable ctr zählt die Messwerte, um die Anzahl später dem Diagramm bei Bedarf zu übermitteln. Mit *Bundle.Create diag1* wird ein Diagramm erzeugt und in den folgenden Zeilen werden die Eigenschaften festgelegt. In diesem Fall laufen die X-Achse von 0 bis 60 und die Y-Achse von 0 bis 20. Auch die Farben sind angepasst.

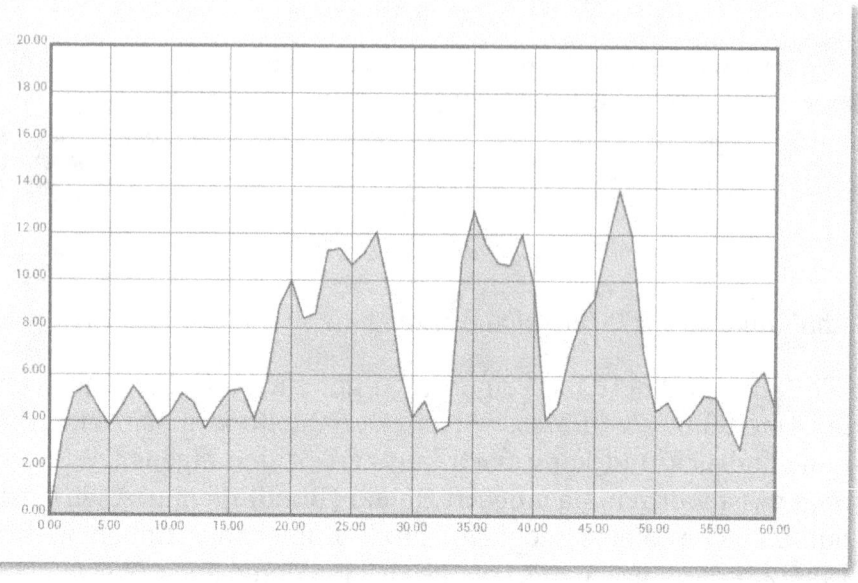

Abbildung 39: Die Messdaten in einem "eigenen" Diagramm unter RFO-Basic!

```
flagOri = 0

GOSUB openScreen
GOSUB userfunctions
! test it --------------------
! create some functions -------
aa = 600
DIM x  [ aa ]
DIM y1 [ aa ]
DIM y2 [ aa ]
DIM y3 [ aa ]
DIM y4 [ aa ]

TEXT.OPEN
r,fp,"../../usbterminal/20140420_205720.log"
DO
 TEXT.READLN fp, s$
 IF s$<>"EOF" THEN
  ctr+=1
  x [ctr] =  ctr
```

```
  y1[ctr] = VAL(WORD$(s$,2))
ENDIF
UNTIL s$="EOF"
TEXT.CLOSE fp

! create a diagram bundle (...object) -------

BUNDLE.CREATE      diag1

BUNDLE.PUT         diag1, "npoints"       ,  ctr
BUNDLE.PUT         diag1, "xs"            ,  0
BUNDLE.PUT         diag1, "xe"            ,  60
BUNDLE.PUT         diag1, "ys"            ,  0
BUNDLE.PUT         diag1, "ye"            ,  20
BUNDLE.PUT         diag1, "posX1"         ,  0.05
BUNDLE.PUT         diag1, "posY1"         ,  0.05
BUNDLE.PUT         diag1, "posX2"         ,  0.95
BUNDLE.PUT         diag1, "posY2"         ,  0.95
BUNDLE.PUT         diag1, "cntDivX"       ,  12
BUNDLE.PUT         diag1, "cntDivY"       ,  10
BUNDLE.PUT         diag1, "border"        ,  0.09
BUNDLE.PUT         diag1, "borderCol"     ,  " 250
255 255 255 "
BUNDLE.PUT         diag1, "backGrCol"     ,  " 255
255 255 255 "
BUNDLE.PUT         diag1, "gridCol"       ,  " 255
128 128 128 "
BUNDLE.PUT         diag1, "lineCol"       ,  " 190
200 0 0 "
BUNDLE.PUT         diag1, "lineWidth"     ,  2
BUNDLE.PUT         diag1, "numbersSize"   ,  16
BUNDLE.PUT         diag1, "nDigitXaxis"   ,  2
BUNDLE.PUT         diag1, "nDigitYaxis"   ,  4
BUNDLE.PUT         diag1, "updaterate"    ,  20
BUNDLE.PUT         diag1, "useMarker"     ,  0
BUNDLE.PUT         diag1, "markerSize"    ,  5
BUNDLE.PUT         diag1, "useFillArea"   ,  1
BUNDLE.PUT         diag1, "alphaFillArea",  50
BUNDLE.PUT         diag1, "useTopAxis"    ,  0
BUNDLE.PUT         diag1, "useRightAxis" ,  0
```

```
! plot it -------
CALL                  plot (diag1, x [], y1 [])
DO
UNTIL0
END

!-----------------------------------------------
userfunctions:
.

.
```

2.3 ARDUINO COMMANDER

Mit der Applikation *„ArduinoCommander"* aus dem Play-Store ist es möglich, ohne eigene Programmzeilen den Arduino als Mess- und Steuergerät über das Smartphone anzusprechen. Der Autor Anton Smirnov spendiert der Software eine liebevoll gestaltete analoge Anzeige. Einfachere numerische Messwertangaben klappen auch in der kostenlosen Variante. Weitere Optionen müssen dann per In-App-Kauf erworben werden.

Abbildung 40: Analoge Anzeige für den Ardoino

Die App zeigt die Platine des angeschlossenen Arduino und stellt die Messwerte oder Zustände der Ein- und Ausgänge direkt dort dar. Wird die Applikation ohne entsprechend erkannter Hardware aufgerufen, so ist die Platinen Darstellung grau bzw. farblos dargestellt. Erst bei erkannter Hardware via Bluetooth, USB oder LAN lassen sich die Anschlüsse benutzen. Die Verbindungen über USB und über Bluetooth sollen nun zur Anwendung kommen.

Verbindung über USB-Host

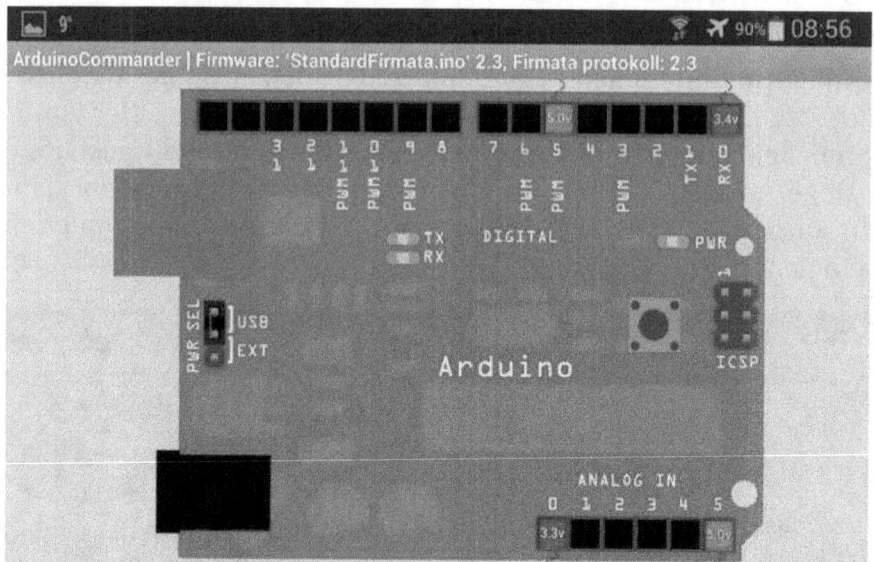

Abbildung 41: Die Ein-/Ausgangswerte werden direkt angezeigt

Zunächst soll die Verbindung via USB-Host-Adapter erfolgen. Au-ßer dem Smartphone/Tablet mit Host-Fähigkeit und vollem Akku wird hierfür folgende Hardware benötigt:

- Arduino (UNO)
- USB-Kabel für Arduino
- USB-HOST-Adapter für das Android-Gerät

Zur Überprüfung der Funktion soll zunächst das bekannte „Blink"-Programm zum Arduino übertragen werden. Dieser Minimalsketch liegt dem *„ArduinoCommander"* bei, somit wird hier kein PC benö-tigt. Um das Ziel zu erreichen ist eine gewisse Reihenfolge nützlich:

- Arduino via USB-Kabel mit dem USB-HOST-Adapter ver-binden
- USB-HOST-Adapter mit dem Tablet/Smartphone verbinden
- „Anwendung für USB-Gerät auswählen" erscheint nach ei-ner Weile
- Abbrechen mit Zurücktaste

- Anwendung „ArduinoCommander" starten
- Reiter „USB-Gerät" wählen
- „Geräteerkennung" aufrufen
- Erkanntes Gerät ist hier „Arduino /dev/bus/usb/002/002"
- Über die Android-Menütaste: Menü: „Sketch hochladen"
- „Blink Sketch" wählen
- Evtl. „Geräteerkennung" erneut aufrufen
- Erkanntes Gerät (Arduino) drücken
- „Zugriff auf das USB-Gerät erlauben" mit „OK" erlauben
- „Hochladen" ist jetzt verfügbar
- „Hochladen abgeschlossen" erscheint im Statusbereich

Der Arduino führt das Programm aus und die LED an Pin 13 blinkt: „Blink" läuft!

Das Galaxy Note 1 (GT-N 7000) liefert, je nach Akkuzustand, nicht genügend Energie für angeschlossene USB-Geräte. Dann bricht die Übertragung mit einer Fehlermeldung ab. Manchmal gelingt die Übertragung durch mehrfache Versuche. Mit einem aktiven USB-Hub oder einem Y-Kabel, welches die Stromversorgung für den Arduino übernimmt, klappt die Übertragung - insbesondere längerer Sketche – dann aber problemlos.

Nach erfolgreichem „Blink"-Test kann nun der eigentliche Sketch übertragen werden, der dafür sorgt, dass _„ArduinoCommander"_ Steuer- und Messbefehle ausführen kann. Es handelt sich dabei um eine vereinheitlichte Software-Ansprechweise für den Arduino mit dem Namen _„StandardFirmata"_. Sollte das Android-Gerät den Arduino einmal nicht mehr erkennen, so hilft meist ein kurzes Trennen des Arduino oder des OTG-Kabels. Nach einer Weile erscheint dann wieder die Systemmeldung „Anwendung für USB-Gerät auswählen".

- Sketch _„StandardFirmata"_ wählen und hochladen
- Zurücktaste einmal betätigen

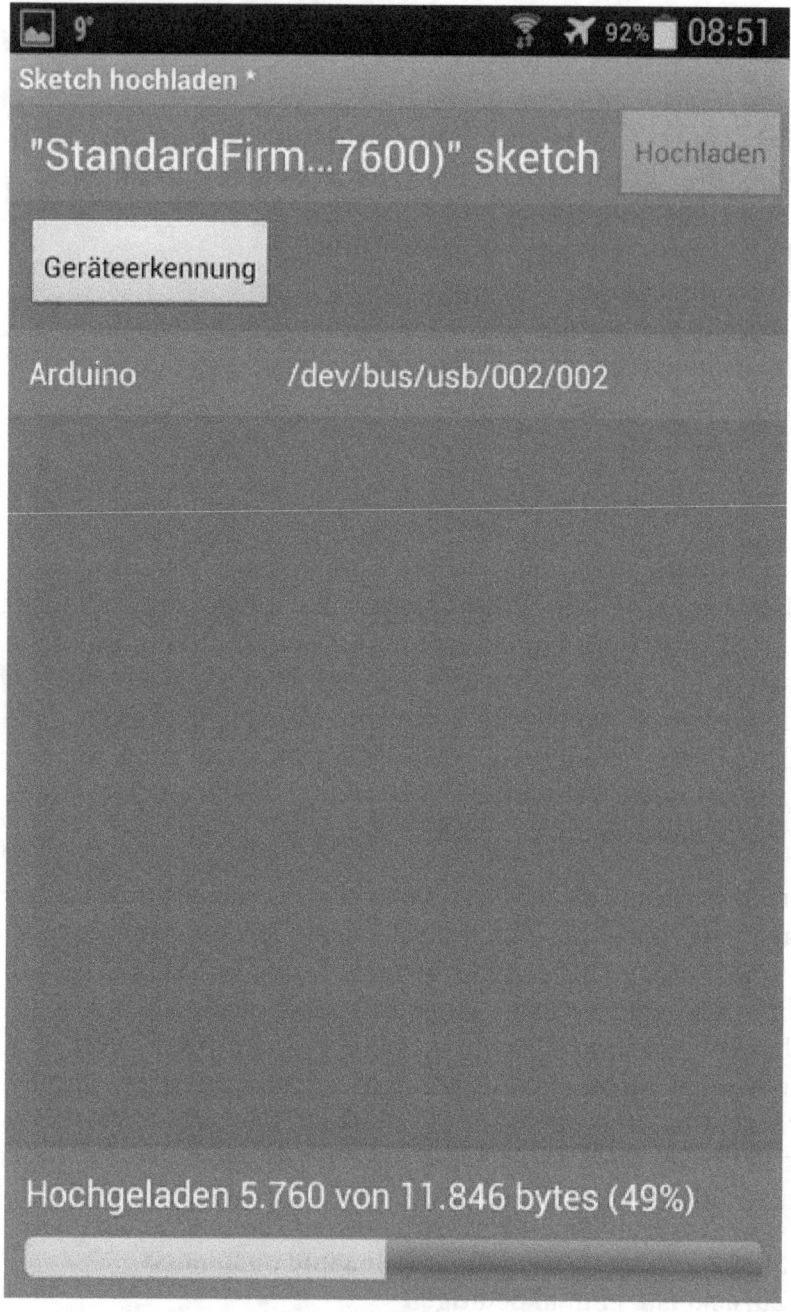

Abbildung 42: Sketch (Programm) wird übertragen

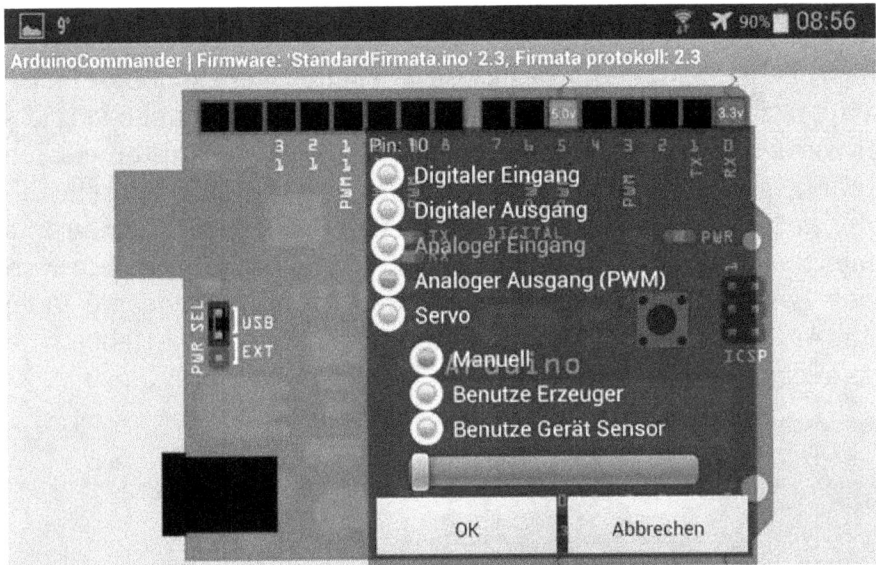

Abbildung 43: Arduino mit StandardFirmata

Die Arduino-Platine erscheint nun blau und die gewünschten Aktionen können ausgeführt werden. Der „Commander" steht bereit. In
der obigen Abbildung wurde z.B. der Eingang A5 mit den 5 Volt der
Platine verbunden. Pin A0 liegt an 3,3 Volt Bordspannung. Durch
berühren der Anschlüsse auf dem Schirm lassen sich die Aktionen
einstellen. So kann z.B. eine Leuchtdiode im PWM-Modus per
Schieberegler in der Helligkeit verändert -, ein Digitalausgang geschaltet -, ein Digitaleingang abgefragt werden. Sogar eigene Funktionen sind vorgesehen.

Als letzter Eintrag ist bei der Servosteuerung „Benutze Gerät Sensor" zu finden. Hierüber kann also der Arduino Ausgang direkt mit
einem Sensor im Smartphone/Tablet gesteuert werden. Die Steu-
erparameter lassen sich in weiten Grenzen einstellen. Als Sensoren
beim hier benutzen GT-N 7000 stehen folgende eingebaute Komponenten bereit:

VERBINDUNG ÜBER BLUETOOTH

Noch mehr Stil hat die drahtlose Variante. Steht ein Bluetooth-Adapter zur Verfügung, so kann auf die USB-Schnittstelle verzichtet werden. Zum Einsatz kommt hier der Bolutek-Adapter aus den voran gegangenen Abschnitten. Dieser arbeitet in der Voreinstellung mit 9600 Baud und darum muss die *„Firmata"*-Software an einer Stelle geändert werden. An dieser Stelle wird kurz ein Netbook benutzt, um die Änderungen durchzuführen und die Datei zum Arduino zu übertragen. Weiter unten wird beschrieben, wie das auch ohne PC funktioniert.

Abbildung 44: Benutzbare Sensoren des GT-N7000 (Note 1)

Im Menü „*Datei/ Sketchbook/ libraies/ Firmata/ StandardFirmata*"
der Arduino-IDE am PC findet man über das den entsprechenden
Quelltext. Mit der Tastenkombination „Strg+F" oder über „*Bearbei-
ten/Suchen ...*" öffnet sich ein Suchen-Dialog mit dem die Zeile *Fir-
mata.begin(57600)* gefunden werden kann. Ziemlich am Ende der
Datei wird man fündig. Die 57000 wird zu 9600 und somit sind
alle Änderungen erfolgt. Der Sketch kann nun zum Arduino übertragen werden (Datei/Upload).

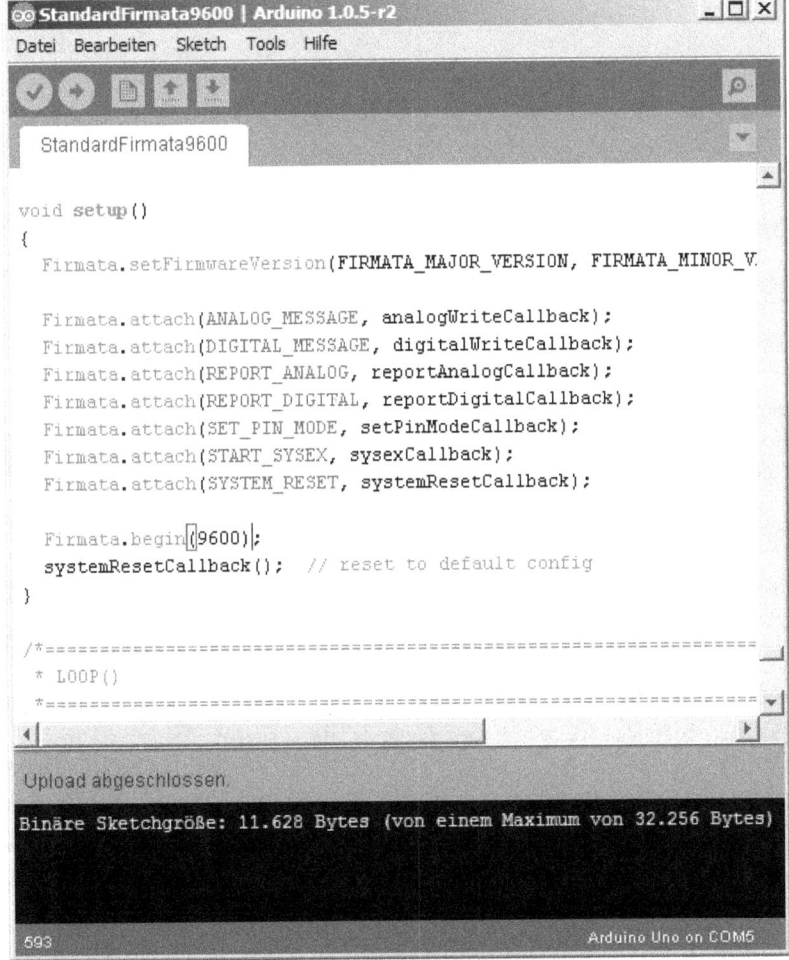

Abbildung 45: Arduino-IDE am Windows-PC

Nun wird der PC nicht mehr benötigt.

Wie beim „Schalten einer Diode" weiter oben erfolgt die Verbindung Arduino/Bluetooth-Bolutek-Adapter nach folgender Verdrahtung:

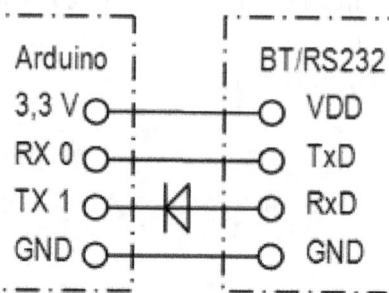

Abbildung 46: Verbindung Arduino - Bluetooth-Adapter

Ist am Smartphone Bluetooth aktiv, steht dem „ArduinoCommander"-Einsatz nichts mehr im Weg. Die Gerätesuche unter Bluetooth listet nun alle gekoppelten Geräte auf. Durch Auswahl des Bolutek-Adapters erscheint zunächst kurz die graue Platine, die nach erfolgreicher Verbindung durch eine blaue Farbe Bereitschaft signalisiert.

Der „Commander" zeigt oben die benutzte Firmware an. Hier ist es die Variante mit 9600 Baud. Ausgang 13 ist als Digitalausgang mit einer logischen „1" geschaltet, Pin 12 gibt eine logische „0" aus. Pin 11 liefert eine PWM-Spannung von 3,8 Volt (arithmetischer Mittelwert des Pulsbreiten-Signals) und die 0,5 Volt an Pin 10 ergeben sich als Helligkeitssensorwert des angeschlossenen Smartphones.

Man könnte also nun das Smartphone auf einen Wagen legen und mit einer Leuchtdiode am Arduino die Beschleunigung des Phones entsprechend anzeigen. Der Lagesensor könnte Bewegungen des Android-Gerätes überwachen und ein Beeper meldet den „Diebstahl". Umgekehrt ist es möglich mit dem Arduino fern zu steuern, was auch immer an dem kleinen Kontroller angeschlossen ist. Denkbar wäre auch eine Art Parallel-Steuerung, so dass sich ein

mobiler Arduino so bewegt, wie sich das Smartphone bewegt – mit
Hilfe der eingebauten Sensoren. Eine Art Cyberdog, aber das gab es
doch schon? Ob das alles Sinn macht, möge der geneigte Leser ent-
scheiden

Abbildung 47: Auswahl der Bluetooth-Geräte

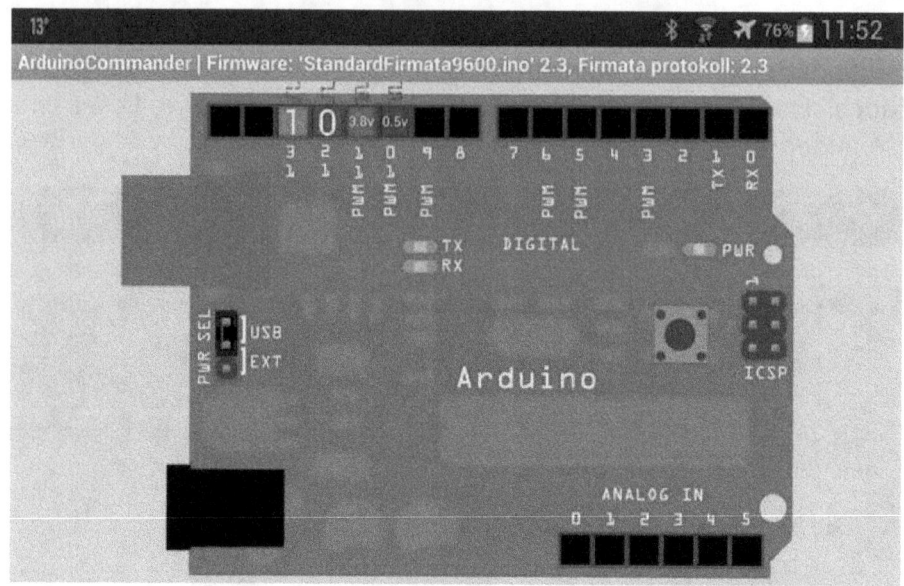

Abbildung 48: Arduino via Bluetooth und SandardFirmata9600

2.4 ARDUINODROID

Aus derselben Feder, wie der *„ArduinoCommander"* stammt die Programmierumgebung des Arduinos auf Android, kurz *„Adrui-noDroid"*. Diese Playstore-App erlaubt es, all diese Dinge zu tun, die sonst nur in der Entwicklungsumgebung (IDE) des Arduino am PC möglich waren.

Es gibt einen Programmiereditor, die Beispieldateien sind ebenfalls enthalten, der Compiler ist integriert und schließlich kann „AdruinoDroid" die Programme zum Arduino via USB übertragen!

Ein Blick in die Beispiele zeigt, dass „Blink" und auch der „Firmata"-Quelltext vorhanden sind. Beide Programme sollen mittels dieser Android-Arduino-IDE editiert, kompiliert und übertragen und somit ausgeführt werden. Mit der Standard-Menütaste klappt das Hauptmenü auf mit an der Spitze der Eintrag „Sketch". Dahinter verbergen sich die Dateioptionen zum Speichern und Laden, sowie die üblichen Beispiele unter „Examples":

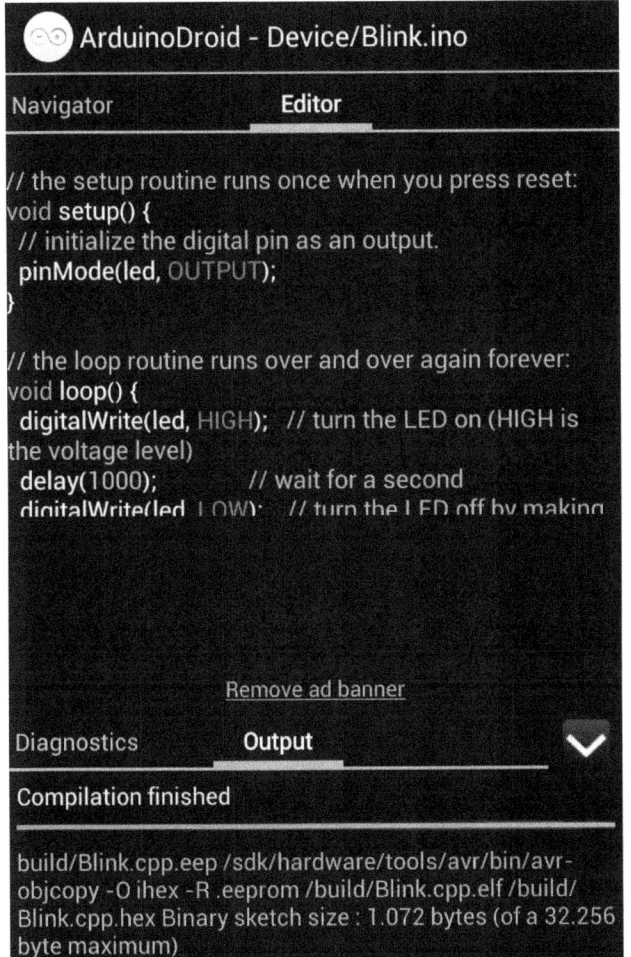

Abbildung 49: (links) Beispielsketch-Menü in ArduioDroid

Abbildung 50: (rechts) Compiler auf dem Phone

„Blink" gehört zu den „Basics" und kann dort geladen werden. Im Editor sieht das in der freien Version von *„ArduinoDroid"* wie abgebildet aus.

Der Bildschirm wird durch Werbebanner etwas eingeengt und auch die Farbgebung schreit nach Änderung. Durch In-App-Käufe kann man das anpassen und somit den Autor unterstützen. Der

„Output" zeigt das Ergebnis des Compilers. Ihn erreicht man im Hauptmenü unter dem Eintrag „Actions". Auch die Übertragung der Datei zum Arduino erfolgt von dort aus mit „Upload". Wenn der Akku voll ist klappt die Übertragung und die LED am Arduino blinkt.

Sollte an dieser Stelle ab und zu der Eindruck entstehen, die USB-Buchse vom Smartphone sei defekt, so hilft hier oft ein Neustart des Smartphones. Bei Windows war das ja immer schon normal ...

Unter „Sketch/Libraries Examples" sind die Bibliotheken der verschiedenen Komponenten wie LCD-Displays usw. zu finden. Aber auch die „Firmata"-Datei, die im vorigen Abschnitt noch mit dem PC geändert wurde.

Nach dem Laden der Quelltextdatei „StandardFirmata" sucht man über „Edit/Search" die Zeichenfolge „57600" und ersetzt sie mit „9600", wie weiter oben in der PC-IDE. Vor der Kompilierung erfolgt die Speicherung der modifizierten Datei unter dem Namen „firmata9600". Nun kann übersetzt und übertragen werden. Danach ist der Arduino wieder bereit via Bluetooth-Adapter Bolutek angesprochen zu werden. Somit ist auch hier der PC überflüssig geworden. Programmentwicklung für den Arduino in der Hosentasche ist somit Realität.

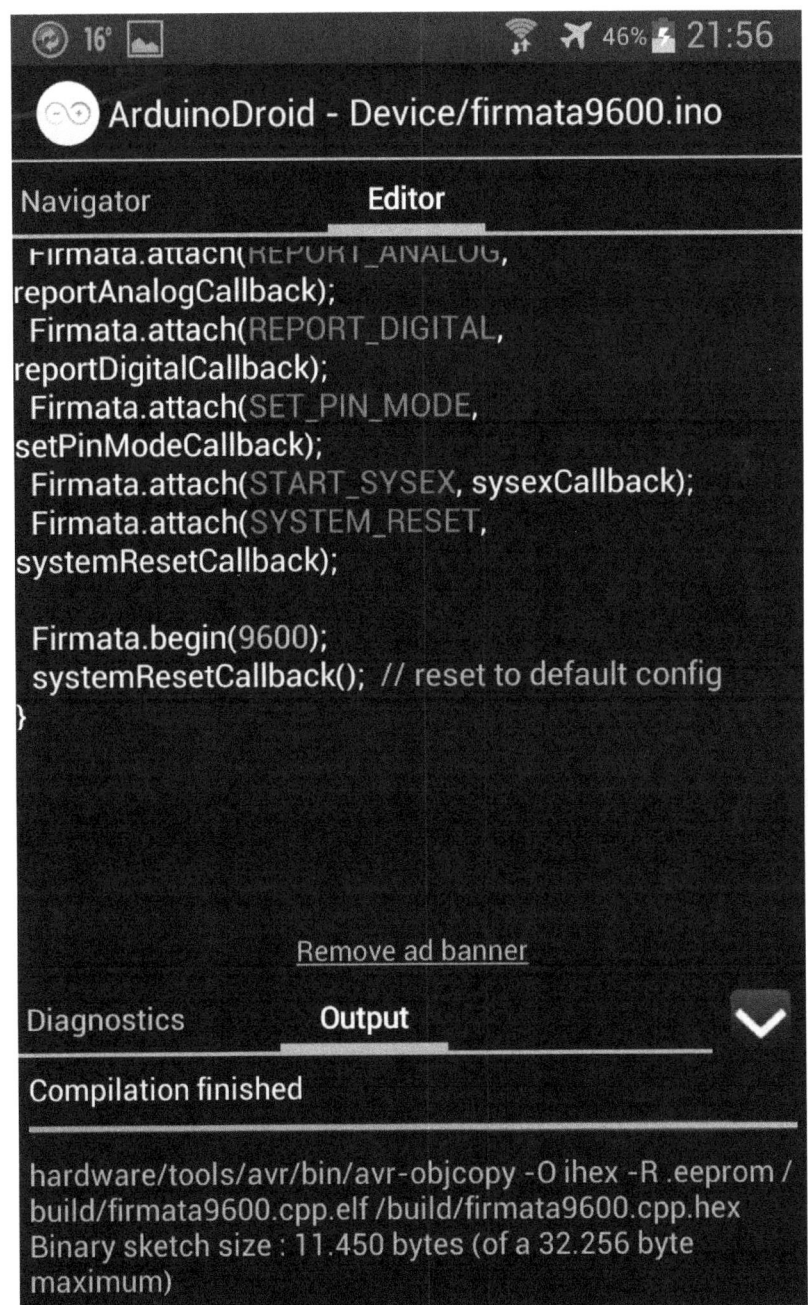

Abbildung 51: Anpassung der Firmata-Software auf dem Phone

3 SCHNITTSTELLE SHELL

In den Anfängen der PC-Ära gab es unter MS-DOS das bekannte „C:\". Man befand sich in der so genannten Kommandozeile und konnte dort Verzeichnisse anzeigen und Programme starten. Mit „win.com" startete dann später eine grafische Benutzeroberfläche, die auch als „Windows 3.1" bekannt geworden ist. Die Kommandozeile gibt es zumindest unter Windows 7/8 immer noch, sie nennt sich nun „cmd.exe".

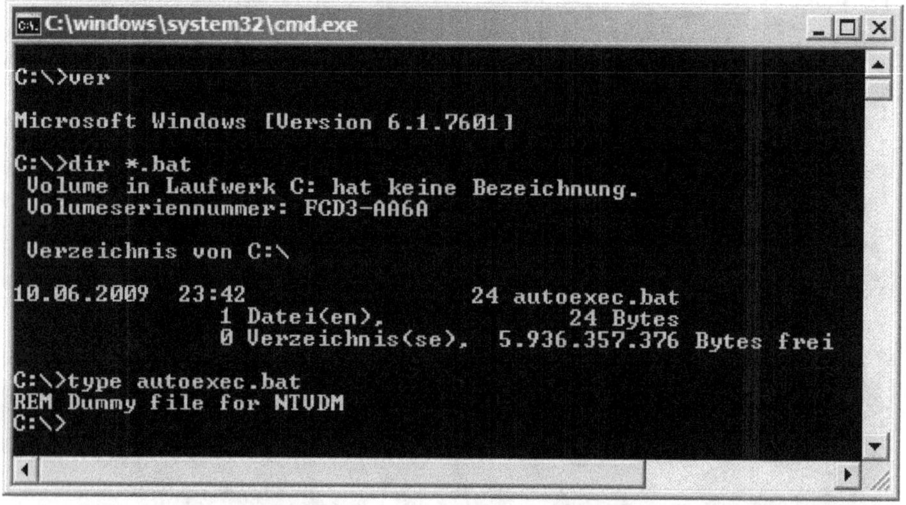

```
C:\windows\system32\cmd.exe                          _ □ x

C:\>ver

Microsoft Windows [Version 6.1.7601]

C:\>dir *.bat
 Volume in Laufwerk C: hat keine Bezeichnung.
 Volumeseriennummer: FCD3-AA6A

 Verzeichnis von C:\

10.06.2009  23:42                  24 autoexec.bat
               1 Datei(en),        24 Bytes
               0 Verzeichnis(se), 5.936.357.376 Bytes frei

C:\>type autoexec.bat
REM Dummy file for NTVDM
C:\>
```

Abbildung 52: Kommandozeile unter Windows

Wer sich erstmals mit Linux befasst, stellt fest, dass dort auch heute die „Shell" noch eine wichtige Rolle spielt und manche grafischen Oberflächen lediglich Kommandozeilen-Programme aufrufen. Da Android nicht weit von Linux entfernt ist, gibt es auch hier die so genannte Kommandozeile oder „Shell". Von dort aus lassen sich ebenfalls Verzeichnisse anzeigen und Programme ausführen. Auch das Anzeigen einfacher Text-Dateien ist problemlos möglich.

Befehl	DOS	Android
Verzeichnis wechseln	cd windows	cd proc

Datei anzeigen	type da-tei.txt	cat datei.txt
Verzeichnis zeigen	dir	ls

Im Play-Store findet man viele solche Apps. Hier soll mit dem kostenlosen „Terminal Emulator" etwas experimentiert werden.

Nach dem Start erscheint irgend ein Prompt der Form :/ $. Mit „ls" wird das aktuelle Verzeichnis ausgegeben. Wer sich nicht sofort auf diese Ebene herab begeben will, kann den „*TotalCommander*" benutzen. Er ist ja quasi eine grafische Oberfläche und dort kann man die Verzeichnisse ohne Tastatur wechseln und anzeigen. Der hier interessierende Teil befindet sich im "Hauptverzeichnis des Dateisystems". Dort findet man genau diese Verzeichnisauflistung des Systems.

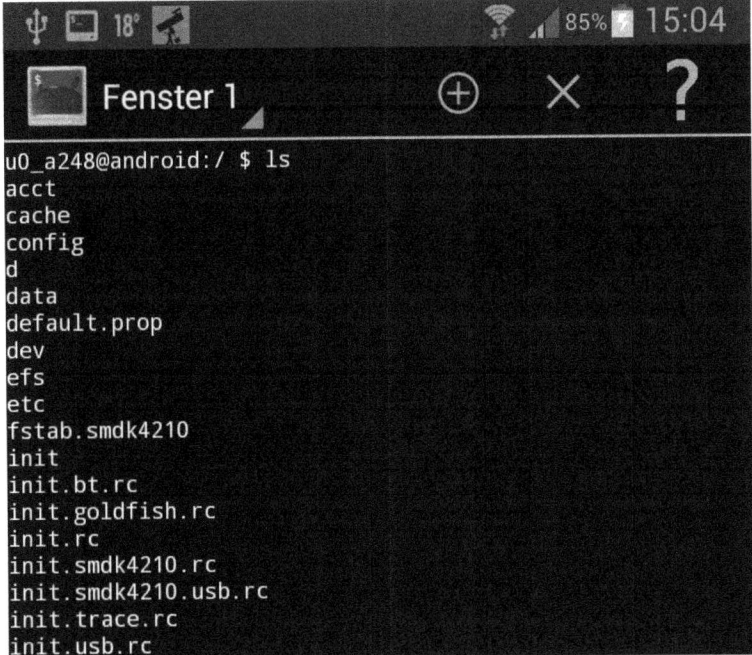

Abbildung 53: Kommandozeile auf dem Phone

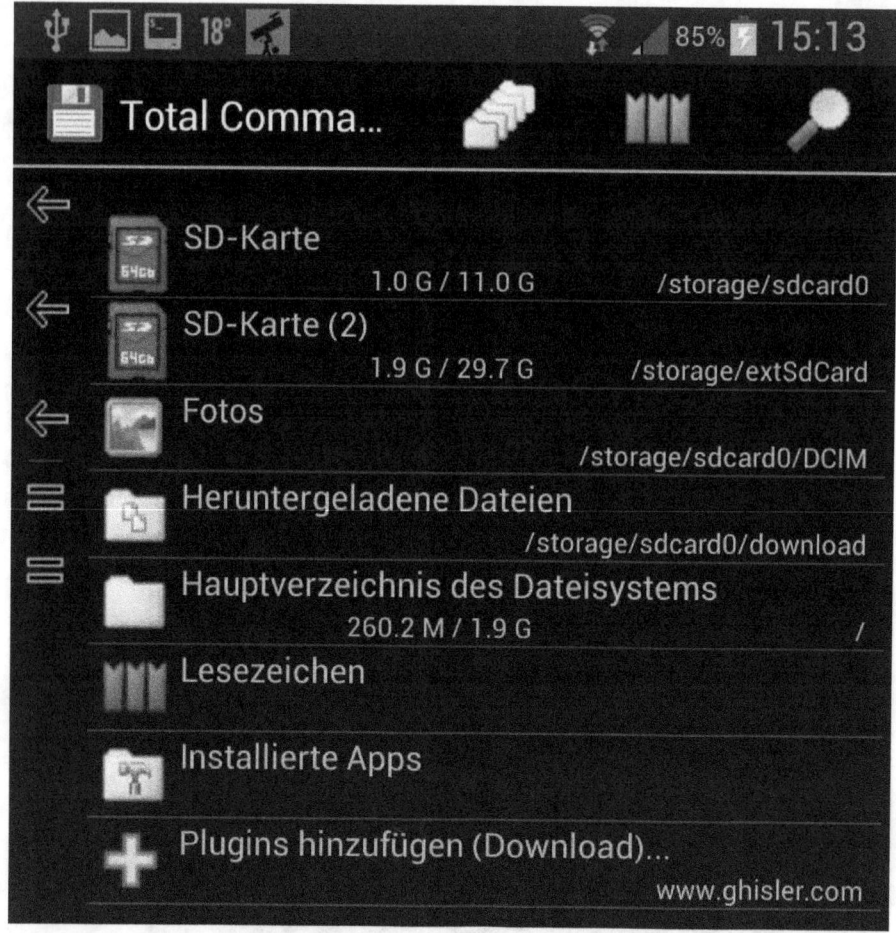

Abbildung 54: Hauptverzeichnis im Total Commander

VERZEICHNISSE, VARIABLEN, BEFEHLE

Erkundet man ein wenig die Verzeichnisse, so fällt auf, dass es viele kleine Dateien gibt, die sehr aktuell sind, also ein frisches Änderungsdatum aufweisen. Aber auch Versionsnummern und andere Hardwareinformationen liegen im *„sys"*-Verzeichnis. Da man als normaler Benutzer (Prompt: $) keine Schreibrechte hat, kann man dort auch nicht viel falsch machen. Aber auch die Variablen scheinen als einfache Datei abgelegt zu sein. So findet sich eine aktuelle Datei mit dem momentanen Ladestand der Batterie, der Temperatur, der Spannung, aber auch einige Sensoren legen ihre Messdaten scheinbar dort ab. Weiter unten wird gezeigt, wie auf diese Art die Akkuspannung überwacht werden kann.

3.1 SYSTEMVARIABLEN

Einige Beispiele sollen zeigen, wie gewisse Systeminformationen erfragt werden können. Als erstes Beispiel wird die Betriebssystem-Version abgerufen. Mit *„TotalCommander"* geht man in das „Hauptverzeichnis des Dateisystems" und anschließend in das Unterverzeichnis *„proc"*. Dort sollte eine Datei *„version"* zu finden sein, die mit „Datei bearbeiten" zur Anzeige gebracht werden kann:

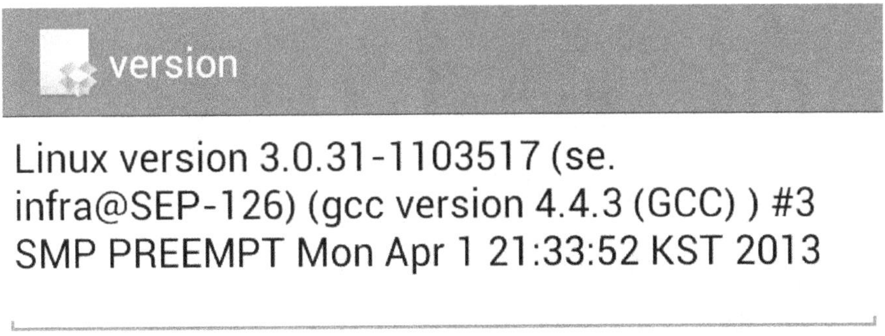

Linux version 3.0.31-1103517 (se. infra@SEP-126) (gcc version 4.4.3 (GCC)) #3 SMP PREEMPT Mon Apr 1 21:33:52 KST 2013

Abbildung 55: Version auf dem Android-Phone als Datei

Wird die Kommandozeile benutzt, so erfolgt die Anzeige mit:
cat /proc/version

```
u0_a248@android:/ $ cat /proc/version
Linux version 3.0.31-1103517 (se.infra@SEP-126) (gcc vers
ion 4.4.3 (GCC) ) #3 SMP PREEMPT Mon Apr 1 21:33:52 KST 2
013
```

Abbildung 56: Version via Kommandozeile

Mit *„cat"* wird eine (Text-) Datei angezeigt. Wie man erkennt, wurde das System an einem besonderen Tag erstellt. Aber es ist wirklich Android 4.1.2 mit dem Kernel 3.0.31-1103517. Hier die offizi-

elle Darstellung in den Einstellungen des GT-N7000, wobei dort
das Wort Linux nicht erscheint:

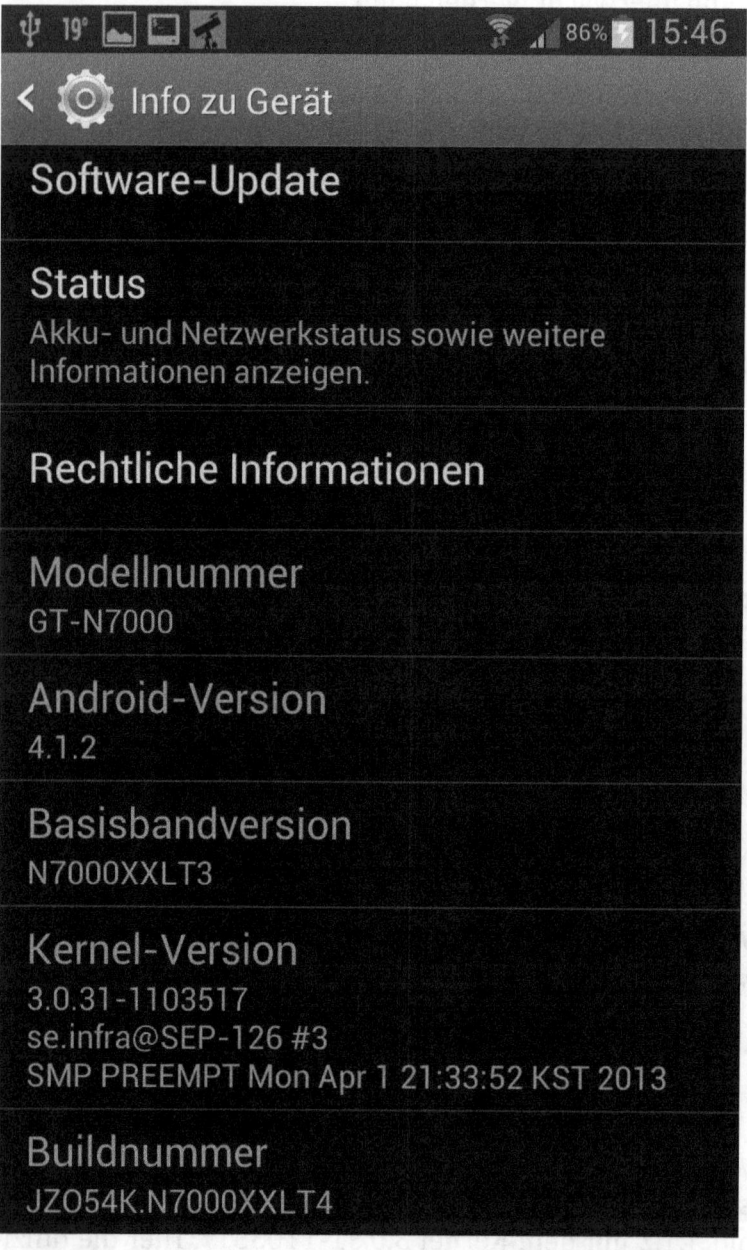

Abbildung 57: Version in den offiziellen Einstellungen

Auf die gleiche Art lassen sich Informationen über die werkelnde CPU abrufen, oder auch über den aktuellen Zustand des Speichers. Die Aufrufe sind: „*cat /proc/meminfo*" und "*cat /proc/cpuinfo*" oder eben über den tasataturfreien Weg mit „*TotalCommander*". Je nach Gerät gibt es an dieser Stelle jede Menge Informationen zum System. Möge der neugierige Leser sich austoben. Weitere interessante „Variablen" in Dateiform findet man unter „*/sys/class*". Dort werden auch einige Sensorwerte gespeichert.

RFO-BASIC! UND DIE SHELL

Nun könnte man auf die Idee kommen, solche kurzen Dateien in Basic einfach zu öffnen und zu lesen. Als einfacher Benutzer schlägt das, wegen fehlender Zugriffsrechte, jedoch fehl. Trotzdem muss das Smartphone nicht „gerootet" werden, um die Dateien zu lesen, denn RFO-Basic! bietet da einen Ausweg. In den Beispielen findet man „f36_superuser.bas", was den Umgang mit der Kommandozeile unter Basic verdeutlicht – auch als Non-SuperUser.

Mit einer etwas abgespeckten Version des mitgelieferten Beispiels soll nun untersucht werden, ob das Smartphone im Host-Modus läuft, also ob ein OTG-Adapter eingesteckt ist.

Mit SYSTEM.WRITE wird quasi in die Kommandozeile getippt. Die Pause ist notwendig, um dem System Zeit zu geben, die Ausgaben zu tätigen. Mit SYSTEM.READ wird Zeile für Zeile der Ausgabe an Basic zurück geliefert und kann dann bearbeitet werden. Von einer Shell aus wäre das Kommando

„*cat /sys/class/host_notify/usb_otg/mode*".

All diese Pfade und Dateien können auf anderen Geräten abweichen. So hat nicht jedes Smartphone unter Android einen Lichtsensor. Falls aber doch, könnte die Helligkeit auch über die Kommandozeile bestimmt werden. Bei dem hier benutzten Gerät findet man unter

„*sys/class/lightsensor/switch_cmd*"

die Datei *„lightsensor_file_state"* mit einem Zahlenwert, der der Helligkeit in Lux entsprechen könnte.

 BASIC! Program Editor - system5OtgHo

```
a$="cat /sys/class/host_notify/
usb_otg/"
PRINT "Zeige OTG Status ..."
SYSTEM.OPEN
SYSTEM.WRITE a$+"mode"
SYSTEM.WRITE a$+"uevent"
PAUSE 500
SYSTEM.READ.READY ready
WHILE ready
  SYSTEM.READ.LINE l$
  PRINT l$
  SYSTEM.READ.READY ready
REPEAT
SYSTEM.CLOSE

END
```

 BASIC! Program Output

```
Zeige OTG Status ...

NONE

END
```

Abbildung 58: OTG-Status-Abfrage

BATTERIEÜBERWACHUNG

Die Batterie wird von RFO-Basic! nicht unterstützt. Will man den Akku überwachen, muss man eine fertige App aus dem Play-Store laden, oder aber ein wenig im System suchen und zwei, drei Zeilen Basic hinzu fügen.

Unter *„/sys/class/power_supply/battery/"* gibt es jede Menge Informationen zur Batterie. Der Gesundheitszustand wird unter *„health"* angegeben und ist normalerweise *„good"*. Mit *„temp"* bekommt man die Temperatur des Akkus in Dezigrad Celsius, die *„capacity"* gibt den Ladezustand an, der *„status"* zeigt, ob geladen wird oder nicht. Mit *„voltage"* bekommt man die aktuelle Batteriespannung in Mikrovolt. Alles zusammen gepackt in ein kurzes BASIC-Programm könnte wie folgt aussehen:

BASIC! Program Editor - system5battery

```
a$="cat /sys/class/power_supply/
battery/"
PRINT "Zeige Akkuzustand ..."
SYSTEM.OPEN
SYSTEM.WRITE a$+"health"
SYSTEM.WRITE a$+"temp"
SYSTEM.WRITE a$+"capacity"
SYSTEM.WRITE a$+"status"
SYSTEM.WRITE a$+"voltage_now"
PAUSE 500
SYSTEM.READ.READY ready
WHILE ready
  SYSTEM.READ.LINE l$
  PRINT i, l$
  SYSTEM.READ.READY ready
  i++
REPEAT
SYSTEM.CLOSE
```

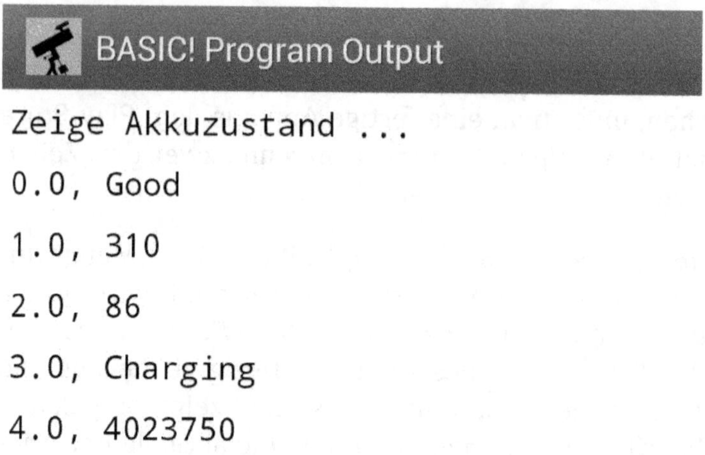

 BASIC! Program Output

```
Zeige Akkuzustand ...

0.0, Good

1.0, 310

2.0, 86

3.0, Charging

4.0, 4023750
```

Abbildung 59: Batteriestatus in RFO-Basic!

Die Variable i dient nur dazu Zeilen zu zählen. Es wurde folgendes gemessen: Gute Batterie, 31° C bei 86% Ladezustand, ladend. $U = 4,023750$ Volt.

Mit wenig Aufwand kann nun der Ladezustand mit der Sprachausgabe (wurde in Teil 1 „Messen mit dem Smartphone" ausführlich erläutert) angesagt werden, so wie das auch andere Programme aus dem Play-Store können. Dies ist ein Beispiel dafür, wie Hardware, die nicht von RFO-Basic! direkt unterstützt wird dennoch für messtechnische Zwecke benutzt werden kann. Hier noch ein paar weitere Sensor-Werte auf dem Shell-Weg:

Lichtsensor:

cat /sys/class/lightsensor/switch_cmd/lightsensor_file_state

Magnetischer Sensor:

cat /sys/class/sensors/magnetic_sensor/raw_data

Beschleunigung:

cat /sys/clas/accelerometer/accelerometer/acc_file

3.2 SYSTEMBEFEHLE

Mit der Kommandozeile ist aber auch der Zugang zu Befehlen gegeben. So lassen sich Informationen zum System abrufen, aber auch Anwendungen sind auf diese Art und Weise ausführbar. Manche Apps geben sogar Werte zurück, so dass sie für eigene Programmabläufe benutzt werden können. Im letzten Abschnitt wird dies gezeigt. Als Systembefehle werden exemplarisch das einfache „ping" und der Aufruf „*netcfg*" hier demonstriert. Über die Kommandozeile führt die Eingabe „ping -c 5 tagesschau.de" zu einem Ergebnis in der Konsole. Sollen die Rückgabedaten weiter verarbeitet werden, so ginge das mit RFO-Basic! wie folgt:

```
a$="ping -c 5 tagesschau.de"
PRINT "Zeige Ping ..."
SYSTEM.OPEN
SYSTEM.WRITE a$
PAUSE 1000
SYSTEM.READ.READY ready
WHILE ready
  SYSTEM.READ.LINE l$
  PRINT l$
  SYSTEM.READ.READY ready
REPEAT
SYSTEM.CLOSE
END
```

Und liefert als Ergebnis:

```
Zeige Ping ...
PING tagesschau.de (88.215.213.26)
56(84) bytes of data.

64 bytes from 88.215.213.26:
icmp_seq=1 ttl=251 time=40.0 ms

END
```

Durch Änderung der beiden oberen Zeilen in:

```
a$="netcfg"
PRINT "Zeige NetConfig ..."
```

könnte folgende Ausgabe erfolgen:

```
Zeige NetConfig …

lo            UP
127.0.0.1/8           0x00000049  00:00:00:00:00:00

sit0          DOWN
0.0.0.0       0x00000080  00:00:00:00:00:00
.
.

wlan0         UP
192.168.176.20/40 0x00001043 00:37:6d:65:14:40

END
```

Umfangreichere Informationen zum System erhält man durch den
Aufruf so genannter Toolbox-Kommandos. Diese Aufrufe füllen
meist mehrere Bildschirmseiten mit mehr oder weniger nützlichen
Informationen. Als Beispiel sollen alle laufenden Prozesse angezeigt werden. Der Aufruf über RFO-Basic! könnte dann so aussehen:

```
a$="top -n 1"
PRINT "Zeige alle Prozesse nach 5 Sekunden ..."
SYSTEM.OPEN
SYSTEM.WRITE a$
PAUSE 5000
SYSTEM.READ.READY ready
WHILE ready
  SYSTEM.READ.LINE l$
  PRINT l$
  SYSTEM.READ.READY ready
REPEAT
SYSTEM.CLOSE
END
```

Dem ersten Schirm können dann folgende Informationen entnommen werden:

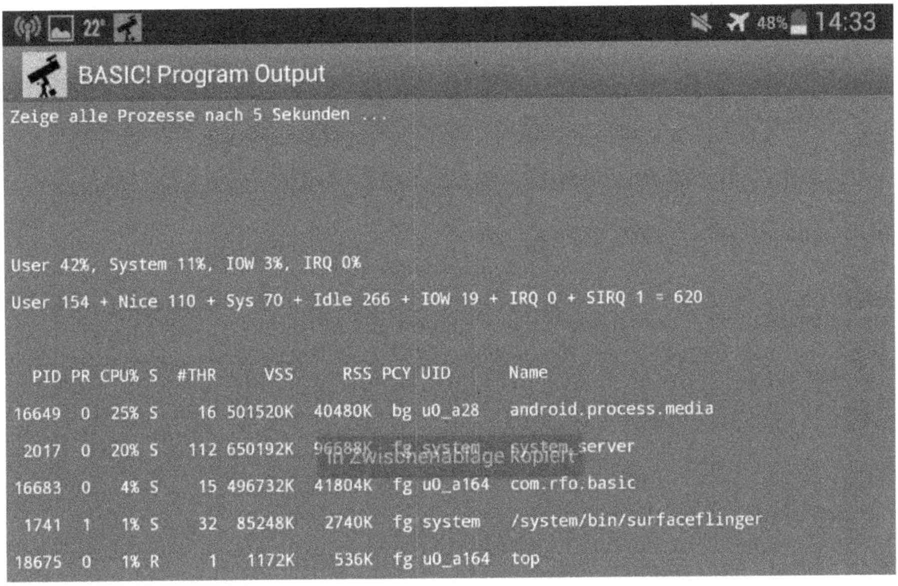

Abbildung 60: Toolbox-Ausgabe unter Android-Shell

Andere Toolboxparameter sind:

```
a$="ps -t"
PRINT "Zeige Toolbox threads"

a$="ps -x"
PRINT "Zeige Toolbox Uptimes"

a$="ps -c"
PRINT "Zeige Toolbox ps -c ..."
```

Weitere Parameter findet man im Internet.

3.3 ANWENDUNGEN STARTEN

Ist bekannt, wie andere Programme bzw. Apps aufgerufen werden können, so ist es möglich dies mit Hilfe der „am start"-Phrase in der Kommandozeile zu initiieren. Zunächst sollen einige Beispiele zu den System-Programmen gezeigt werden. System-Programme sind in diesem Fall der eingebaute Browser, die System-Einstellungen, die Akkuverbrauchsanzeige usw.. Hier die Aufruf-konvention über RFO-Basic!. In der Konsole wird einfach die Zei-chenkette hinter SYSTEM.WRITE übergeben und mit „Enter" aus-geführt.

Einstellungen unter Android anzeigen:

```
REM Start of BASIC! Program
PRINT "Einstellungen wird gestartet ..."
SYSTEM.OPEN
SYSTEM.WRITE "am start -a android.intent.action.MAIN -n
com.android.settings/.Settings"
PAUSE 200
SYSTEM.CLOSE
END
```

Standard-Browser starten:

```
REM Start of BASIC! Program
PRINT "Der Browser wird gestartet ..."
SYSTEM.OPEN
SYSTEM.WRITE "am start -a android.intent.action.MAIN -n
com.android.browser/.BrowserActivity"
PAUSE 200
SYSTEM.CLOSE
END
```

Akku-Verbrauch abrufen:

```
a$=" am start -a an-
droid.intent.action.POWER_USAGE_SUMMARY"
PRINT "Zeige Akkuverbrauch ..."
SYSTEM.OPEN
SYSTEM.WRITE a$
PAUSE 200
SYSTEM.CLOSE
END
```

Bildergalerie starten:

```
REM Start of BASIC! Program
SYSTEM.OPEN
SYSTEM.WRITE "am start -a android.intent.action.PICK -t
\"image/*\""
PAUSE 200
SYSTEM.CLOSE
END
```

BARCODE-SCANNER

Strich- oder Barcodes, sowie QR-Codes sind heute überall aufgedruckt oder abgebildet.

QR-Kode

Damit werden Zahlen oder kurze Texte, wie z.B. Internetadressen als Muster dargestellt. Die Kamera im Smartphone fotografiert das Muster und eine Software dekodiert die Bits, die als Striche oder Quadrate angeordnet sind. Dies könnte unter RFO-Basic! sicher auch programmiert werden, aber dieses Rad wurde schon mehrfach erfunden. Google stellt einen Barcode-Scanner zur Verfügung, der als eigenständige Applikation funktioniert, aber eben auch von anderen Programmen aufgerufen werden kann. Mit einem Trick kann man dann das Scann-Ergebnis aus der Zwischenablage abrufen und für eigene Zwecke weiter verarbeiten. Da RFO-Basic! auch Datenbank-Funktionen mit bringt, ist so ein Inventarisierungsprogramm nach eigenen Bedürfnissen in Reichweite.

DEKODIEREN MIT XZING

Google stellt mit Xzing im Play-Store einen kostenlosen Barcode-Scanner zur Verfügung.

Abbildung 61: Xzing-Icon

Dieser Scanner kann über die Kommandozeile aufgerufen werden und das Scann-Ergebnis liegt nach erfolgter Dekodierung in der Zwischenablage (Clipboard) zur Abholung bereit. Mit den Clipboard-Funktionen von RFO-Basic! ist dies sehr unkompliziert:

```
CLIPBOARD.PUT "Hallo Welt"
CLIPBOARD.GET A$
```

Die entsprechende Kommandozeile zum Aufruf des Scanners lautet:

```
am start -a com.google.zxing.client.android.SCAN
```

oder

```
am start -a com.google.zxing.client.android.SCAN -e
SCAN_FORMATS CODE_39
```

wenn gezielt ein bestimmtes Format gescannt werden soll.

Der Ablauf eines Scann-Vorgangs ist dann wie folgt:

- Irgendwas in die Zwischenablage kopieren
- Über Kommandozeile den Scanner aufrufen
- Warten bis sich die Zwischenablage geändert hat
- Ergebnis verarbeiten

Bei Misserfolg wird an das „Irgendwas" in der Zwischenablage ein „end" angehängt. Somit ist es sogar möglich Fehldekodierungen ab zu fangen. Im folgenden RFO-Listing ist „Irgendwas" ein „||sc#@#" und die Auswertung des Ergebnisses wird als Sprache ausgegeben.

```
REM Start of BASIC! Program
CLIPBOARD.PUT "||sc#@#"
SYSTEM.OPEN
SYSTEM.WRITE          "am          start          -a
com.google.zxing.client.android.SCAN"
DO
  CLIPBOARD.GET Zw$
UNTIL Zw$ <> "||sc#@#"
SYSTEM.CLOSE
IF Zw$ = "||sc#@#end"
  CLS
  PRINT "SORRY, you get nothing. If you want to
start a new scan please make sure that ZXING's
clipboard state is switched to on."
ELSE
  TTS.INIT
  PRINT "Scancode: "; Zw$
```

```
TTS.SPEAK zw$
ENDIF
END
```

Abbildung 62: Barcode auf einem Buch (Xzing via RFO-Basic!)

Abbildung 63: Barcode erkannt: Ein Buch

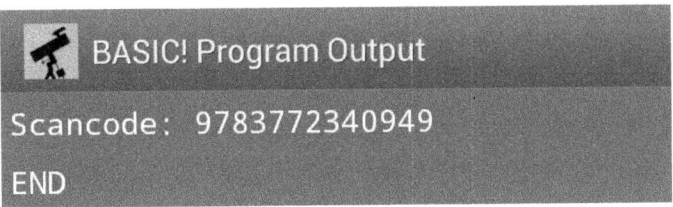

Abbildung 64: Ergebnis in RFO-Basic!

QR-KODE ERZEUGEN MIT XZING

Xzing erlaubt jedoch auch den umgekehrten Weg und kann auch selber QR-Kodes erzeugen. Der Aufruf von der Kommandozeile ist etwas länger, da vielfältige Parameter möglich sind. Aktuelles findet die Suchmaschine mit der Anfrage „Xzing".

```
am start -a com.google.zxing.client.android.ENCODE -e
ENCODE_FORMATS QR_CODE -e ENCODE_TYPE TEXT_TYPE -e EN-
CODE_DATA
```

Am Ende soll eine wichtige Internetadresse als QR-Kode erzeugt werden. Das RFO-Programm ist sehr kurz.

```
A$="www.hjberndt.de"
SYSTEM.OPEN
SYSTEM.WRITE "am start -a
com.google.zxing.client.android.ENCODE -e EN-
CODE_FORMATS QR_CODE -e ENCODE_TYPE TEXT_TYPE -
e ENCODE_DATA "+A$
PAUSE 500
END
```

Das Ergebnis schließt dieses Buch.

LITERATURVERZEICHNIS

[1] Messen mit dem Smartphone, H.-J. Berndt, Eigene Programme auf Android Tablet und Phone, Kindle-eBook ASIN B00CO5TGEK, Mai 2013

[2] Messen, Steuern und Regeln mit Word und Excel, H.-J. Berndt / B. Kainka, VBA-Makros für die serielle Schnittstelle, 3., aktualisierte Auflage, Franzis-Verlag GmbH, 85586 Poing, 2001 ISBN 3-7723-4094-6

ABBILDUNGSVERZEICHNIS

www.ingramcontent.com/pod-product-compliance
Lightning Source LLC
Chambersburg PA
CBHW071231170526
45165CB00003B/1068